河南省职业教育品牌示范院校建设项目成果

实 验 化 学

主　编　樊永华　丁　涛

副主编　姜　坤　刘有奇

黄河水利出版社

·郑　州·

内 容 提 要

本书是河南省职业教育品牌示范院校建设项目成果。全书内容包括化学实验的基本知识、数据记录与处理、化学实验基本操作技能、标准滴定溶液的制备、常见分析仪器及其使用方法、无机化学实验、有机化学实验、化工原理实验及化学分析实验等九大项目。另外,本书还附有附录。

本书可作为高职高专食品加工技术专业、食品营养与检测专业、食品质量与安全专业等食品专业群,以及化学专业、应用化工技术专业等化学、化工专业群的专业基础教材使用。

图书在版编目(CIP)数据

实验化学/樊永华,丁涛主编. —郑州:黄河水利出版社,
2016. 6
河南省职业教育品牌示范院校建设项目成果
ISBN 978 - 7 - 5509 - 1419 - 3

Ⅰ. ①实⋯   Ⅱ. ①樊⋯ ②丁⋯   Ⅲ. ①化学实验 - 高等职业教育 - 教材   Ⅳ. ①O6 - 3

中国版本图书馆 CIP 数据核字(2016)第 094591 号

组稿编辑:陶金志   电话:0371 - 66025273   E-mail:838739632@ qq. com

出 版 社:黄河水利出版社
    地址:河南省郑州市顺河路黄委会综合楼 14 层   邮政编码:450003
发行单位:黄河水利出版社
    发行部电话:0371 - 66026940 ,66020550 ,66028024 ,66022620(传真)
    E-mail:hhslcbs@ 126. com
承印单位:河南省瑞光印务股份有限公司
开本:787 mm × 1 092 mm   1/16
印张:12. 5
字数:304 千字   印数:1—1 000
版次:2016 年 6 月第 1 版   印次:2016 年 6 月第 1 次印刷
定价:29. 00 元

前　言

　　本书是根据高职高专教育特色,将实验课程体系和教学内容不断深化改革,将教学内容项目化。

　　本书内容包括化学实验的基本知识、数据记录与处理、化学实验基本操作技能、标准滴定溶液的制备、常见分析仪器及其使用方法、无机化学实验、有机化学实验、化工原理实验及化学分析实验等九大项目。另外,本书还附有附录。在内容的编排上,使知识讲解与实验实训相互配套,适合于理论课与实践课相结合的边讲、边做、边练的“三明治”式教学形式。

　　本书由樊永华和丁涛担任主编,由姜坤和刘有奇担任副主编。具体编写分工为:项目一、项目二由姜坤编写,项目三、项目四及项目九由樊永华编写,项目五、项目六及附录一由刘有奇编写,项目七、项目八及附录二至附录九由丁涛编写。全书由樊永华统稿。

　　由于编者水平有限,本书不妥和错误之处在所难免,诚请有关专家及读者批评指正。

編　者
2016 年 1 月

目　录

前　言
项目一　化学实验的基本知识 ……………………………………………………… (1)
　　第一节　实验须知 …………………………………………………………… (1)
　　第二节　化学实验常用仪器及其简介 ……………………………………… (8)
　　第三节　化学实验所用的水和试剂 ………………………………………… (16)
　　第四节　实验记录及实验报告 ……………………………………………… (20)
项目二　数据记录与处理 ………………………………………………………… (22)
　　第一节　实验数据的读取与可疑数据的取舍 ……………………………… (22)
　　第二节　实验结果的评价 …………………………………………………… (25)
　　第三节　提高分析结果准确度的方法 ……………………………………… (28)
项目三　化学实验基本操作技能 ………………………………………………… (31)
　　第一节　玻璃器皿的洗涤和干燥 …………………………………………… (31)
　　第二节　物质的加热 ………………………………………………………… (32)
　　第三节　试剂的取用 ………………………………………………………… (35)
　　第四节　物质的称量 ………………………………………………………… (36)
　　第五节　滴定分析仪器及其使用 …………………………………………… (41)
　　第六节　固液分离 …………………………………………………………… (52)
　　第七节　溶液的配制 ………………………………………………………… (54)
项目四　标准滴定溶液的制备 …………………………………………………… (59)
　　第一节　基准物质和标准滴定溶液 ………………………………………… (59)
　　第二节　几种常用标准溶液的制备 ………………………………………… (61)
项目五　常见分析仪器及其使用方法 …………………………………………… (74)
　　第一节　酸度计 ……………………………………………………………… (74)
　　第二节　分光光度计 ………………………………………………………… (77)
　　第三节　气相色谱仪 ………………………………………………………… (81)
　　第四节　高效液相色谱仪 …………………………………………………… (86)
　　第五节　原子吸收光谱仪 …………………………………………………… (90)
项目六　无机化学实验 …………………………………………………………… (94)
　　实验一　缓冲溶液的配制 …………………………………………………… (94)
　　实验二　氯化钠的提纯 ……………………………………………………… (95)
　　实验三　硫酸铜的提纯 ……………………………………………………… (97)
　　实验四　明矾的制备 ………………………………………………………… (99)
　　实验五　氯化铵的制备 ……………………………………………………… (101)

项目七　有机化学实验 ………………………………………………… (104)

　　实验一　乙酰苯胺重结晶法提纯 ………………………………… (104)

　　实验二　固体熔点的测定 ………………………………………… (107)

　　实验三　环己烯的制备 …………………………………………… (109)

　　实验四　β–萘乙醚的制备 ……………………………………… (111)

　　实验五　肥皂的制备 ……………………………………………… (112)

项目八　化工原理实验 ………………………………………………… (115)

　　实验一　流体流动阻力测定实验 ………………………………… (115)

　　实验二　雷诺演示实验 …………………………………………… (119)

　　实验三　离心泵性能特性曲线测定实验 ………………………… (121)

　　实验四　恒压过滤常数测定实验 ………………………………… (124)

　　实验五　膜分离实验 ……………………………………………… (128)

　　实验六　空气–蒸汽对流给热系数测定实验 …………………… (132)

　　实验七　筛板塔精馏过程实验 …………………………………… (138)

　　实验八　液—液萃取实验 ………………………………………… (144)

　　实验九　干燥特性曲线测定实验 ………………………………… (148)

项目九　化学分析实验 ………………………………………………… (153)

　　实验一　乳及其他乳制品中酸度的测定 ………………………… (153)

　　实验二　废水碱度的测定 ………………………………………… (155)

　　实验三　混合碱中各组分含量的测定(微型滴定法) …………… (157)

　　实验四　生理盐水中氯化钠含量的测定(银量法) ……………… (159)

　　实验五　面粉中脂肪含量的测定 ………………………………… (161)

　　实验六　面粉中蛋白质的测定 …………………………………… (163)

附　录 …………………………………………………………………… (168)

　　附录一　实验室灭火法 …………………………………………… (168)

　　附录二　常用缓冲溶液的配制方法 ……………………………… (170)

　　附录三　实验室常用洗液的配制方法 …………………………… (176)

　　附录四　危险药品的分类、性质和管理 ………………………… (180)

　　附录五　滴定分析中常用指示剂 ………………………………… (181)

　　附录六　实验室压缩气的安全使用 ……………………………… (187)

　　附录七　单相流动阻力测定实验装置设备参数 ………………… (188)

　　附录八　离心泵性能测定实验装置设备参数 …………………… (189)

　　附录九　气流对流传热综合实验装置设备参数 ………………… (190)

参考文献 ………………………………………………………………… (191)

项目一　化学实验的基本知识

学习目标

1. 熟悉实验室的安全规则，对实验室事故能够采取一定的处理措施。
2. 了解化学实验常用仪器的名称、用途及使用方法。
3. 熟悉不同的实验对水和试剂纯度的要求。
4. 能够正确记录实验数据和书写实验报告。

第一节　实验须知

一、实验室规则

（1）自觉遵守课堂纪律，不迟到，不早退，对号就位。

（2）实验前必须认真预习，熟悉本次实验的目的、原理、操作步骤，懂得每一个操作步骤的意义和了解所用仪器的使用方法，否则不能开始实验。

（3）实验时，严格按操作规程进行操作，既要独立操作，又要与同学相互配合，不得随意挪用他人的实验材料。

（4）实验数据和现象应随时记录在实验本上，不得记在纸片上甚至凭印象记忆，实验结束后，根据原始记录，联系理论知识，深入分析问题，认真整理数据，按时写好实验报告。

（5）精心爱护各种实验器材，实验前后应对本组仪器进行检查（包括数量、完好程度及清洁情况），在实验中仪器如有破损，要及时登记补领。

（6）精密贵重仪器每次使用后应登记姓名并记录仪器的情况，要随时保持仪器的清洁。如发生故障，应立即停止使用并报告老师。

（7）废液体可倒入水槽内，同时放水冲走。强酸、强碱溶液必须先用水稀释。废纸屑及其他固体废物和带渣滓的废物倒入废品缸内，不能倒入水槽或到处乱扔。

（8）实验室内一切物品，未经本实验室负责教师批准，严禁带出室外，借用物品必须办理登记手续。

（9）节约用水、电和试剂药品等。公用仪器、药品用后放回原处，不要用个人的吸量管量取公用试剂，任何试剂都应加盖，并注明保存者的姓名、班级、日期和内容物。

（10）保持墙面、地面、水槽及室内整洁，注意安静，集中精力，不谈笑聊天，培养良好的工作习惯和作风。

（11）杜绝火灾、水灾、盗窃和药物中毒等事故发生，严禁用实验电炉、冰箱等电器做与实验无关的事，冰箱内不得存放乙醚、石油醚、丙酮等易燃易爆物品，电器周围不得存放酒精等易燃品，不得用嘴吸取有毒、强酸强碱类试剂。

（12）实验台面应随时保持整洁，仪器、药品摆放整齐。公用试剂用完后，应立即盖严放回原处。勿使试剂、药品洒在实验台面和地上。实验完毕，仪器洗净放好，将实验台面抹拭干净，经教师检查同意，方可离开实验室。

（13）实行值日生负责制，负责实验室当天的门、窗、水、电的安全，负责当天的实验室清洁卫生及其他服务性工作。

二、实验室安全规则

（1）加强安全教育，增强师生的安全和自我保护意识。学生实验必须在教师指导下进行操作，严格遵守操作规程。

（2）实验室内禁止饮食、吸烟，切勿以实验用容器代替水杯、餐具使用，防止化学试剂入口，实验结束后要洗手。

（3）加热用的电炉应随用随关，严格做到人走电炉关。

（4）乙醇、丙酮、乙醚等易燃品不能直接加热，并要远离火源操作，试剂用后要随手盖紧瓶塞，置阴凉处存放。

（5）易挥发的有毒或强腐蚀性的液体和气体，要在通风柜中操作，用过的废物不可乱扔、乱倒，应回收或进行特殊处理。不可将化学试剂带出实验室。

（6）浓酸、浓碱具有强腐蚀性，使用时注意不要溅到皮肤和衣服上，特别要注意保护眼睛。稀释浓硫酸时，应将浓硫酸慢慢注入水中且不断搅拌，切勿将水注入浓硫酸中，以免出现局部过热使浓硫酸溅出引起烧伤。浓酸、浓碱如果溅到身上应立即用水冲洗，洒到实验台上或地面上时要立即用水冲稀而后擦掉。

（7）实验室烘箱不能开着过夜，冰箱内不得存放易爆物品，对存放有机溶剂的冰箱，要经常打开冰箱门让气体挥发，防止易燃气体积聚引起爆炸。

（8）实验过程中万一发生着火，不要惊慌，应尽快切断电源或燃气源，用石棉布或湿抹布熄灭（盖住）火焰。密度小于水的非水溶性有机溶剂着火时，不可用水浇，以防止火势蔓延。电器着火时，不可用水冲，以防触电，应使用干冰或干粉灭火器。着火范围较大时，应尽快用灭火器扑灭，并根据火情大小决定是否报警。

（9）禁止往水槽内倒入杂物和强酸、强碱及有毒的有机溶剂。

（10）实验完毕，应立即拔去电炉开关和关好水笼头，拉下电闸。离开实验室前应认真、负责地检查水电情况，严防发生安全事故。

三、实验室安全常识

人们在长期的化学实验工作过程中，总结了关于实验室工作安全的七个字："水、电、门、窗、气、废、药"。这七个字涵盖了实验室工作中使用水、电、气体、试剂及实验过程中产生废物的处理和安全防范等关键问题。

（一）实验室用水安全

使用自来水后要及时关闭阀门，尤其遇突然停水时，要立即关闭阀门，以防来水后跑水。离开实验室之前，应再次检查自来水阀门是否完全关闭（使用冷凝器时较容易忘记关闭冷却水）。

（二）实验室用电安全

实验室用电有十分严格的要求，不能随意使用。必须注意以下几点：

（1）所有电器必须由专业人员安装。

（2）不得任意另拉、另接电线用电。

（3）在使用电器时，仔细阅读有关的说明书及资料，并按照要求去做。

（4）所有电器的用电量应与实验室的供电及用电端口匹配，绝不可超负荷运行，以免发生事故。

谨记：任何情况下发现是用电问题（事故）时，首先关电源！

（5）发生触电事故的应急处理。

如若遇触电事故，应立即使触电者脱离电源——拉下电源或用绝缘物将电源线拨开（注意千万不可徒手去拉触电者，以免抢救者也被电流击倒）。同时，应立即将触电者抬至空气新鲜处，如电击伤害较轻，触电者短时间内可恢复知觉；若电击伤害严重或已停止呼吸，则应立即为触电者解开上衣并及时做人工呼吸和给氧。对触电者的抢救必须有耐心（有时要连续数小时），同时忌注射强心兴奋剂。

（三）实验室用火（热源）安全

目前，实验过程使用的热源大多用电，但也有少数直接用明火（如用煤气灯）。不管采用什么形式获得热源，都必须十分注意用火（热源）的规定及要求：

（1）使用燃气热源装置，应经常对管道或气罐进行检漏，避免发生泄漏引起火灾。

（2）加热易燃试剂时，必须使用水浴、油浴或电热套，绝不可使用明火。

（3）若加热温度有可能达到被加热物质的沸点，则必须加入沸石（或碎瓷片），以防暴沸伤人，且实验人员不应离开实验现场。

（4）用于加热的装置，必须是正规厂家的产品，不可随意使用简便的器具代用。

如果在实验过程中发生火灾，第一时间要做的是：将电源和热源（或煤气等）断开。若起火范围小，可以立即用合适的灭火器材进行灭火；但若火势有蔓延趋势，必须立即报警。常用的灭火器及其适用范围见表1-1。

表1-1　常用的灭火器及其适用范围

类型	药液成分	适用范围
酸碱式	H_2SO_4、$NaHCO_3$	非油类及电器失火的一般火灾
泡沫式	$Al_2(SO_4)_3$、$NaHCO_3$	油类失火
二氧化碳	液体 CO_2	电器失火
四氯化碳	液体 CCl_4	电器失火
干粉灭火	粉末主要成分为 Na_2CO_3 等盐类物质，加入适量润滑剂、防潮剂	油类、可燃气体、电器设备、文件和遇水燃烧等物品的初起火灾
1211	CF_2ClBr	油类、有机溶剂、高压电器设备、精密仪器等失火

水虽是人所共知的常用灭火材料，但在化学实验室的灭火中要慎用。因为大部分易燃

的有机溶剂都比水轻,会浮在水面上流动,此时用水灭火,非但不能灭火,反而会使火势扩大蔓延;还有的溶剂与水会发生剧烈的反应产生大量的热,能引起燃烧加剧甚至爆炸。

根据燃烧物质的性质不同,国际上将火灾分为 A、B、C、D 四类,必须根据不同的火灾原因,选择相应的灭火器材。火灾类别及其灭火器材或药品的选用见表1-2。

表1-2　火灾类别及其灭火器材或药品的选用

火灾类型	燃烧物质	灭火器材或药品	说明
A 类	木材、纸张、棉布等	水、泡沫式、酸碱式灭火器	1. 酸碱式灭火器喷出的主要是水和二氧化碳气体。 2. 泡沫式灭火器除有水和二氧化碳气体外,同时喷出发泡剂,与水、二氧化碳混合在一起,形成被液体包围的细小气泡群,在燃烧物表面形成抗热性好的泡沫层,阻止燃烧汽化和外界氧气的侵入
B 类	可燃性液体(液态石油化工产品,食用油脂和涂料稀释剂等)	泡沫式灭火器。还可用二氧化碳灭火器和四氯化碳灭火器。切记:不能用水和酸碱式灭火器	1. 可用泡沫式灭火器,其作用如上述。 2. 使用二氧化碳灭火器时,人要站在上风处,以免二氧化碳中毒,手和身体不要靠近喷射管和套筒,以防低温(约 -70 ℃)冻伤。另外,二氧化碳灭火器的有效喷射距离仅为 1.5~2 m。 3. 四氯化碳灭火器:由于四氯化碳在高温下可能转化为剧毒的光气,所以使用时应保持一定的距离
C 类	可燃性气体(天然气、城市生活用煤气、沼气等)	干粉灭火器	干粉灭火器灭火时间短、灭火能力强。 禁用水、酸碱式和泡沫式灭火器
D 类	可燃性金属(钾、钠、钙、镁、铅、钛等)	沙土、偏硼酸三甲酯(TMB)灭火剂、原位石墨灭火剂	严禁用水、酸碱式、泡沫式和二氧化碳灭火器灭火。扑灭 D 类火灾最经济有效的材料是沙土(消防用沙土应该清洗干净且放置在固定位置)。 偏硼酸三甲酯(TMB)灭火剂,因其受热分解吸收大量的热量,并可在可燃性金属表面生成氧化硼保护薄膜隔绝空气。 原位石墨灭火剂:由于它受热迅速膨胀,生成较厚的海绵状保护层,使燃烧区温度骤降,并隔绝空气,能迅速灭火

(四)实验室使用压缩气安全

使用压缩气(钢瓶)时应注意:

(1)压缩气体钢瓶有明确的外部标志(见附录六),内容气体与外部标志一致。

(2)搬运及存放压缩气体钢瓶时,一定要将钢瓶上的安全帽旋紧。

(3)搬运气瓶时,要用特殊的担架或小车,不得将手扶在气门上,以防气门被打开。气瓶直立放置时,要用铁链等进行固定。

(4)开启压缩气体钢瓶的气门开关及减压阀时,旋开速度不能太快,而应逐渐打开,以免气流过急流出,发生危险。

(5)瓶内气体不得用尽,剩余残压一般不应小于 1 MPa,否则将导致空气或其他气体进入钢瓶,再次充气时将影响气体的纯度,甚至发生危险。

(五)化学实验废液(物)的安全处理

化学实验室的实验项目繁多,所使用的试剂与反应后的废物也大不相同,对一些毒害物质不能随手倒在水槽中。例如:氰化物的废液,若倒入强酸的介质中将立即产生剧毒的 HCN。因此,一般将含有氰化物的废液倒入碱性亚铁盐溶液中使其转化为亚铁氰化物盐类,再对废液进行集中处理。又如重铬酸钾标准溶液是常用的标准溶液之一,应将用剩的重铬酸钾溶液转化为三价铬再作废液处理,绝不允许未经处理就倒入下水道。

现行《污水综合排放标准》(GB 8978)中,对第一类污染物(指能在环境或动物体内蓄积,对人体产生长远影响的污染物)允许的排放浓度作了严格的规定,如表 1-3 所示。

表 1-3　第一类污染物的最高允许排放浓度

污染物	最高允许排放浓度 (mg/L)	污染物	最高允许排放浓度 (mg/L)
总汞	0.001	六价铬	0.05
		苯并(α)芘	0.000 03
烷基汞	不得检出	总砷	0.1
总镉	0.01	总铅	0.1
总铬	0.1	总镍	0.05

1. 含汞盐废液的处理

将废液调至 pH 为 8 ~ 10,加入过量的硫化钠,使其生成硫化汞沉淀,再加入共沉淀剂硫酸亚铁,生成的硫化铁吸附溶液中悬浮的硫化汞微粒而生成共沉淀。弃去清液,残渣用焙烧法回收汞,或再制成汞盐。

2. 含砷废液的处理

加入氧化钙,调节 pH 为 8,生成砷酸钙和亚砷酸钙沉淀。或调节 pH 为 10 以上,加入硫化钠与砷反应,生成难溶、低毒的硫化物沉淀。

3. 含铅、镉废液

用消石灰将 pH 调节至 8 ~ 10,使 Pb^{2+}、Cd^{2+} 生成 $Pb(OH)_2$ 和 $Cd(OH)_2$ 沉淀,加入硫化亚铁作为共沉淀剂,使之沉淀。

4. 含氰废液

用氢氧化钠调节 pH 为 10 以上,加入过量的高锰酸钾(3%)溶液,使 CN^- 氧化分解。如 CN^- 含量高,可加入过量的次氯酸钙和氢氧化钠溶液。

5. 含氟废液

加入石灰生成氟化钙沉淀。

6. 含 Cr^{6+} 废液的处理

我国环境保护法规定, Cr^{6+} 最高允许排放浓度为 0.5 mg/L, 而有些国家往往限制到 0.05 mg/L。 Cr^{6+} 的处理方法, 一般常用化学还原法, 还原剂可用二氧化硫、硫酸亚铁、亚硫酸氢钠等。例如: 化学方程式为

$$3SO_2 + Na_2Cr_2O_7 + H_2SO_4 = Cr_2(SO_4)_3 + Na_2SO_4 + H_2O$$

铬酸盐被还原后, 应使用石灰或氢氧化钠将铬酸盐转化成氢氧化铬从水中沉淀下来再另作处理。

$$Cr_2(SO_4)_3 + 3Ca(OH)_2 = 2Cr(OH)_3\downarrow + 3CaSO_4$$

(六) 化学实验室的安全防范

由于化学实验室一般都存放有化学试剂、易燃易爆的气体、有机溶剂等, 因此必须十分重视实验室的安全防范工作。对所有在实验室工作的人员和上实验课的学生, 都必须进行安全教育, 使所有人员都知道如何安全地进行工作和学习, 更应该知道当事故发生时, 应如何面对和采取怎样的应急措施。

综上所述, 实验室的安全十分重要, 所有人员必须遵守实验室的规则, 使大家都有一个安全的工作和学习环境。

四、实验室事故处理与急救

(一) 事故处理

如果由于各种原因而发生事故, 应立即进行紧急处理。

1. 烫伤

烫伤发生, 若为Ⅰ度烫伤, 用凉水冲洗后, 在烫伤处擦上苦味酸溶液或用弱碱性溶液涂擦, 再涂上烫伤膏、万花油、凡士林油等; 若为浅Ⅱ度烫伤、水泡较大, 用凉水冲洗后, 立即用 1:2 000 新洁尔灭溶液消毒, 在无菌条件下抽液, 对水泡已破者, 也要用上述方法消毒, 然后敷盖较厚的棉纱布加以包扎。

注: Ⅰ度烫伤者, 伤及表皮发红疼痛, 但不起水泡; Ⅱ度烫伤者, 伤及表皮可起水泡; Ⅱ度以上烫伤或烫伤面积较大者, 除现场急救外, 应立即送医院治疗。

2. 强酸腐蚀性烧伤

强酸腐蚀性烧伤需立即擦去酸滴, 用大量水冲洗, 并用 20 g/L 碳酸氢钠溶液中和清洗; 若酸滴溅入眼内, 先用大量水冲洗, 再立即送医院治疗。

3. 石炭酸腐蚀性烧伤

石炭酸腐蚀性烧伤需立即用低浓度酒精中和冲洗。

4. 强碱腐蚀性烧伤

强碱腐蚀性烧伤远比强酸腐蚀性烧伤严重, 其特点是: 烧伤组织边腐蚀边渗透, 伤口很深, 日后瘢痕较重, 易发生残疾。现场急救时, 立即用水较长时间地冲洗, 并用 20 g/L 醋酸、2% 饱和硼酸溶液或氯化钠溶液中和冲洗。若眼睛受伤或碱滴溅入眼内, 则应在冲洗后立即送医院治疗。

5. 溴腐蚀伤

溴腐蚀伤应先用苯或甘油洗濯伤口, 再用大量水冲洗。

6.磷腐蚀伤

磷腐蚀伤特点是:主要因高热作用于组织,伤处出现剧痛、水泡等症状,在夜间可见创面发光。在急救现场,应立即去除表皮上的磷质,并用清水冲洗,然后用4%碳酸氢钠溶液清洗,用1%~5%硫酸铜溶液涂擦局部后,再用该溶液浸泡纱布包扎伤口,使其与空气隔绝。

应当注意的是,禁忌使用含油类药物,因为含油类药物容易加快磷的吸收而引起磷中毒。

7.吸入有毒或刺激性气体

事故现场应做到:如吸入氯气、氯化氢气体,可吸入少量酒精和乙醚的混合蒸汽使之解毒;如吸入硫化氢气体而感到不适,立即到室外呼吸新鲜空气(有条件者,给氧或入高压氧仓治疗)。毒物若进入口中,将5~10 mL 2%稀硫酸铜加入一杯温水中,内服后,用手指伸入咽喉部,催吐,然后立即送医院。

8.触电

立即切断电源,对呼吸、心跳骤停者,进行人工呼吸和心脏按压。

9.起火

根据起火原因立即灭火。

(1)一般的小火可用湿布或细沙土覆盖灭火;火势大时,使用泡沫灭火器。

(2)如果是电器设备起火,应立即切断电源,并用四氯化碳、干粉灭火器灭火。

(3)如果是有机试剂着火,切不可用水灭火;实验人员衣服着火,切勿乱跑,赶快脱下衣服或就地卧倒打滚,也可起到灭火的作用。

(4)反应器皿内着火,可用石棉板盖住瓶口,火即扑灭。

(5)油类物质着火,要用沙或使用适宜的灭火器灭火。

10.创伤

实验室发生的创伤多为玻璃割伤造成。若伤口比较浅,用生理盐水冲洗后加以消毒,然后贴上创可贴即可;若伤口比较深、出血比较多,先行包扎止血,然后清理伤口;伤口内若有玻璃碎片,尽量清洗干净,然后消毒,再在伤口上部约10 cm处用纱布扎紧,减慢流血,压迫止血,并立即到医院就诊。

11.苯中毒

苯中毒的原因主要是呼吸吸入苯蒸汽,苯对中枢神经系统、造血器官有较强的毒性作用,主要表现为全身无力、头晕、眼花、恶心、呕吐、鼻出血,严重者呼吸困难、血压下降、昏迷抽搐。急救措施是:迅速将患者移到空气新鲜、通风良好的环境,脱去污染的衣服,给氧,必要时进行人工呼吸。

12.有机磷中毒

有机磷毒物是目前已知毒物中毒性最强的一类,通常经呼吸道、皮肤黏膜和消化道等途径迅速引起中毒。因此,必须争分夺秒地对中毒者进行急救。口服中毒者,应立即实施催吐、洗胃、导泻,并应用解毒剂阿托品和解磷啶等。

(二)急救原则

(1)消除毒物,防止吸收;对呼吸道吸入中毒者,立即将病人移到空气新鲜处,必要时吸入氧气。

(2)经皮肤黏膜中毒者,脱去污染的衣服和鞋帽、手套等;皮肤黏膜污染的部位用肥皂

水或 1%～2%的碱性液体清洗（敌百虫中毒者禁用碱性液体清洗）。眼睛被污染者,首先用 1%～2%的碱性液体冲洗,然后点 1 滴 1%的阿托品。

(3)经口服中毒者,立即催吐、洗胃、导泻,应用解毒剂。

(4)伤势较重者,立即送医院治疗。

五、化学实验学习方法

(一)预习

实验前必须预习,这样做能在实验中获得良好的效果。

(1)阅读实验教材、教科书和参考资料中的有关内容;

(2)明确本实验内容、步骤、操作过程和实验目的及应注意的事项;

(3)在预习的基础上,做好笔记。

(二)实验

操作认真规范,观察仔细,勤于思考,分析准确,详细记录,不出事故,达到"三会"(会写、会读、会用)。

(三)实验报告

做完实验应对实验现象进行解释并作出结论,或根据实验数据进行处理和计算。按实验报告的要求写好,不得草率、敷衍。

■ 第二节 化学实验常用仪器及其简介

化学实验常用仪器及其简介见表1-4。

表1-4 化学实验常用仪器及其简介

仪器	主要用途	使用方法和注意事项
容量瓶	用于配制准确浓度的溶液	1. 溶质先在烧杯内全部溶解,然后定量移入容量瓶。 2. 不能加热,不能代替试剂瓶用来存放溶液,避免影响容量瓶容积的准确性。 3. 磨口瓶塞是配套的,不能互换
滴瓶	盛放少量液体试剂或溶液,便于取用,多用于指示剂的盛放	1. 棕色瓶盛放见光易分解或不太稳定的物质,防止分解变质。 2. 滴管不能吸得太满,也不能倒置,防止试剂腐蚀橡皮胶头。 3. 滴管专用,不得弄乱、弄脏,以免污染试剂

续表1-4

仪器	主要用途	使用方法和注意事项
试剂瓶	1. 细口试剂瓶用于储存溶液和液体药品。 2. 广口试剂瓶用于存放固体试剂。 3. 可兼用于收集气体（但要用毛玻璃片盖住瓶口）	1. 不能直接加热,防止破裂。 2. 瓶塞不能弄脏、弄乱,防止污染试剂。 3. 盛放碱液要使用橡皮塞。 4. 不能作为反应容器。 5. 不用时应洗净,在磨口塞与瓶颈间垫上纸条,防止下次使用时打不开瓶塞
锥形瓶	盛放、加热液体	加热液体时,三角瓶里要放入玻璃珠,以免液体暴沸出来
具塞三角瓶	三角瓶上有塞子,能用于密封	使用时将塞子盖紧
碘量瓶	碘量瓶的瓶口有水封槽口,用于在静置反应期间加蒸馏水密封,防止瓶内碘的挥发损失	碘量瓶的塞子是严格配套的,能做到绝对密封,因此应注意不要将碘量瓶的瓶塞弄混
烧杯	1. 常温或加热条件下作为大量物质反应的容器。 2. 配制溶液用。 3. 接收滤液或代替水槽用	1. 反应液体不超过容量的2/3,以免搅动时液体溅出或沸腾时溢出。 2. 加热前要将烧杯外壁擦干,加热时烧杯底要垫石棉网,以免受热不均匀而破裂

续表1-4

仪器	主要用途	使用方法和注意事项
石棉网	石棉是一种热不良导体，它能使受热物体均匀受热，不致造成局部高温	1. 应先检查,石棉脱落的不能用,否则起不到作用。 2. 不能与水接触,以免石棉脱落和铁丝锈蚀。 3. 不可卷折,因为石棉松脆,易损坏
量筒	用于粗略地量取一定体积的液体	1. 不可加热,不可作为实验容器(如溶解、稀释等),防止破裂。 2. 不可量取热溶液或热液体(在标明的温度范围内使用),否则数据不准确。 3. 应竖直放在桌面上,读数时应和液面水平,读取与弯月面底相切的刻度
试管	1. 盛少量试剂。 2. 作为少量试剂反应的容器。 3. 制取和收集少量气体。 4. 检验气体产物,也可接到装置中用	1. 反应液体不超过试管容积的1/2,加热时不超过1/3。 2. 加热前,要将试管外壁擦干,加热时要用试管夹。 3. 加热后的试管不能骤冷,否则容易破裂。 4. 加热固体时,管口应略微向下倾斜,避免管口水蒸气的冷凝水回流
试管夹	加热试管时夹持试管用	1. 加热时,夹住距离管口约1/3处(上端),避免烧焦夹子或锈蚀,也便于摇动试管。 2. 不要把拇指按在试管夹的活动部位,避免试管脱落。 3. 一定要从试管底部套上或取下试管夹,操作要规范化
漏斗	1. 过滤液体。 2. 倾注液体。 3. 长颈漏斗常用于装配气体发生器时加液体用	1. 不可直接加热,防止破裂。 2. 过滤时,滤纸角对漏斗角;滤纸边缘低于漏斗边缘,液体液面低于滤纸边缘;杯靠棒,棒靠滤纸,漏斗颈尖端必须紧靠承接滤液的容器内壁(一角、二低、三紧靠);防止滤液溅失(出)

续表1-4

仪器	主要用途	使用方法和注意事项
分液漏斗	1.用于互不相溶的液—液分离。 2.气体发生装置中加液体时用	1.不能加热,防止玻璃破裂。 2.在玻璃塞上涂一层凡士林油,旋塞处不能漏液,且旋转灵活。 3.分液时,下层液体从漏斗管流出,上层液体从上口倒出,防止分离不清。 4.作为气体发生器时,漏斗颈应插入液面内,防止气体自漏斗管喷出
洗耳球	洗耳球又作吸耳球,用于吸量管定量抽取液体,洗耳球还可以把密闭容器里的粉末状物质吹散,吸水引流等	用于吸量管定量抽取液体时,用拇指、食指和中指将洗耳球捏紧,然后把洗耳球的尖口插入吸量管的上部,将洗耳球松开,就可以把液体吸入吸量管中
研钵	1.研碎固体物质。 2.混匀固体物质。 3.按固体的性质和硬度选用不同的研钵	1.不能加热或作反应容器用。 2.不能将易爆物质混合研磨,防止爆炸。 3.盛固体物质的量不宜超过研体容积的1/3,避免物质甩出。 4.只能研磨、挤压,勿敲击,大块物质只能压碎,不能捣碎,防止击碎研钵
移液管　　吸量管	用于精确移取一定体积的液体	1.取洁净的吸量管,用少量移取液润洗1~2次,确保所取液浓度或纯度不变。 2.将液体吸入,液面超过刻度,再用食指按住管口,轻轻转动放气,使液面降至刻度后,用食指按住管口,移至指定容器中,放开食指,使液体沿容器壁自动流下,确保量取准确。 3.未标明"吹"字的吸管,残留的最后一滴液体不得吹出

续表 1-4

仪器	主要用途	使用方法和注意事项
移液枪	用于量取少量或微量的液体	1. 移液之前,要保证移液器、枪头和液体处于相同温度。 2. 吸取液体时,移液器保持竖直状态,将枪头插入液面下 2 ~ 3 mm。在吸液之前,可以先吸放几次液体以润湿吸液嘴。有两种移液方法:一是前进移液法,二是反向移液法
药匙	1. 拿取少量固体试剂时用。 2. 有的药匙两端各有一个勺,一大一小,根据用药量大小分别选用	1. 保持干燥、清洁。 2. 取完一种试剂后,必须洗净,并用滤纸擦干或干燥后再取用另一种药品,避免玷污试剂,发生事故
酒精灯	1. 常用热源之一。 2. 进行焰色反应	1. 使用前,应检查灯芯和酒精量(不少于容积的 1/3,不超过容积的 2/3)。 2. 用火柴点火,禁止用燃着的酒精灯去点燃另一盏酒精灯。 3. 不用时,应立即用灯帽盖灭,轻提后再盖紧,防止下次打不开及酒精挥发
酸式、碱式滴定管	滴定时用,或量取较准确测量溶液的体积时用	1. 酸的滴定用酸式滴定管,碱的滴定用碱式滴定管,不可对调混用。因为酸液腐蚀橡皮,碱液腐蚀玻璃。 2. 使用前,应检验旋塞是否漏液,转动是否灵活,酸式滴定管旋塞应涂凡士林油,碱式滴定管下端橡皮管不能用洗液洗,碱式滴定管需用洗液洗涤时,应换上旧胶头,因为洗液腐蚀橡皮。 3. 酸式滴定管滴定时,用左手开启旋塞,防止拉出或喷漏。碱式滴定管滴定时,用左手捏橡皮管内玻璃珠侧部,溶液即可放出。在酸式、碱式滴定管使用前,都要注意排除气泡,这样读数才准确

续表1-4

仪器	主要用途	使用方法和注意事项
磁力搅拌器	1. 用于固液混合。 2. 用于黏稠度不是很大的液体的加热或加热搅拌	液体放入容器后,将搅拌子同时放入液体中,底座产生磁场后带动搅拌子成圆周循环运动,从而达到搅拌液体的目的
微量滴定管	滴定时消耗的滴定液较少时使用	1. 使用前应检验旋塞是否漏液,转动是否灵活,滴定管旋塞应涂凡士林。 2. 由于支管拐弯处易藏气泡,一般待滴定液放满刻度管后打开支管旋塞,用洗耳球将溶液中气泡刚好吹入储液杯中即可
铁架台	1. 固定或放置反应容器。 2. 铁圈可代替漏斗架用于过滤	1. 调节好铁圈、铁夹的距离和高度,注意重心,防止放置不稳。 2. 用铁夹夹持仪器时,应以仪器不能转动为宜,不能过紧过松,过紧易夹破,过松易脱落。 3. 加热后的铁圈不能撞击或摔落在地,避免断裂
水浴锅	用于干燥、浓缩、蒸馏及浸渍化学试剂和生物制剂,也可用于水浴恒温加热和其他温度实验	1. 往水浴锅内注入干净的水,水位至少达电热管上方1 cm处;水位过低会导致电热管表面温度过高而烧毁;使用过程中要随时注意水位;如果需用沸水浴,加水量不宜过多,以免沸腾时溅出。 2. 接通电源,打开开关开始加热。 3. 旋转温度调节旋钮,使旋钮上的刻度线指向工作所需的温度刻度。 4. 工作完毕将水放干

续表 1-4

仪器	主要用途	使用方法和注意事项
电子分析天平	电子分析天平是比台秤更为精确的称量仪器,可精确称量至 0.000 1 g（0.1 mg）	1. 检查并调整天平至水平位置。 2. 按仪器要求通电预热至所需时间。 3. 称量时,将洁净称量瓶或称量纸置于称盘上,关上侧门,轻按一下去皮键,天平将自动校对零点,然后逐渐加入待称物质,直到所需质量为止。 4. 称量结束后,应及时除去称量瓶（纸）,关上侧门,切断电源,并做好使用情况登记
托盘天平	用于称量物品,但精确度不高,一般为 0.1 g 或 0.2 g。最大荷载一般是 200 g	1. "看":观察天平的称量及游码在标尺上的分度值。 2. "放":把天平放在水平台上,把游码放在标尺左端的零刻度线处。 3. "调":调节天平横梁右端的平衡螺母使指针指在分度盘的中线处,这时横梁平衡。 4. "称":把被测物体放在左盘里,用镊子向右盘里加减砝码,并调节游码在标尺上的位置,直到横梁恢复平衡。 5. "记":被测物体的质量 = 盘中砝码总质量 + 游码在标尺上所对的刻度值
pH 计	主要用来精密测量液体介质的酸碱度值,配上相应的离子选择电极也可以测量离子电极电位 MV 值	1. 清洗电极。 2. 用标准溶液校正 pH 后测量。 3. 测量完毕后,取下电极,用纯水冲洗干净后浸泡在电极套中。 4. 关闭电源,拔下电源插头
通风橱	减少实验者和有害气体的接触	使用的时候人站或坐于柜前,将玻璃门尽量放低,手从门下伸进柜内进行实验

续表1-4

仪器	主要用途	使用方法和注意事项
塑料洗瓶	用于装纯水的一种容器,并配有发射细液流的装置。用于溶液的定量转移和沉淀的洗涤与转移	常用的有吹出型和挤压型两种。吹出型由平底玻璃烧瓶和瓶口装置一短吹气管和长的出水管组成;挤压型由塑料细口瓶和瓶口装置出水管组成
离心机	用于固液分离	1. 按"power"键打开离心机电源开关。 2. 平衡放置离心管。 3. 设置离心参数:调节温度按钮、速度设置按钮,设置离心时间。 4. 盖上离心机,按"start"键,离心机工作。 5. 如发现有不平衡或其他异常情况,按"stop"键立即停止离心。 6. 使用完毕,擦干离心机,打开盖子,做好使用记录
分光光度计	根据物质对光的选择性吸收而进行分析,具有较高的灵敏度和一定的准确度,特别适合于微量组分的测量	1. 开机预热。 2. 向比色皿内注入少量试液,润洗3次,然后注入3/4~4/5的试液,用滤纸片擦干外壁所挂水珠。将比色皿按顺序放入样品池。注意光面对光源。 3. 在样品池中放置空白液与样品。 4. 按需要调节波长。 5. 将样品置入光路,从显示屏上读取吸光度
玻璃干燥器	存放需干燥或保持干燥的物品	打开干燥器时,不应把盖子往上提,而应一只手扶住干燥器,另一只手从相对水平的方向小心移动盖子即可打开,并将其斜靠在干燥器旁,谨防滑动。取出物品后,按同样方法盖严,使盖子磨口边与干燥器吻合。搬动干燥器时,必须用两手的大拇指按住盖子,以防滑落而打碎。长期存放物品或在冬天,磨口上的凡士林可能凝固而难以打开,可以用热毛巾温热一下或用电吹风热风吹干燥器的边缘,使凡士林融化再打开盖

续表 1-4

仪器	主要用途	使用方法和注意事项
玻璃真空干燥器	干燥、保存易潮解变质试剂药品及化验用的需要恒重称量的样品等的容器	将干燥器洗净擦干,在干燥器底座按照需要放入不同的干燥剂(一般用变色硅胶、浓硫酸或无水氯化钙等),然后放上瓷板,将待干燥的物质放在瓷板上(中热的物质放入后,要不时地移动干燥器盖子,让里面的空气放出,否则会由于空气受热膨胀把盖顶起来)。再在干燥器宽边处涂一层凡士林,将盖子盖好沿水平方向摩擦几次使凡士林均匀,即可进行干燥。要打开干燥器盖子,需一手扶住干燥器,另一手将干燥器盖子沿水平方向移动
电热鼓风干燥箱	对各种产品、试品进行烘培、干燥、固化、热处理及其他方面的加热	1. 开启开关,按控制仪表的按键,设置至所需要的温度。指示灯亮,同时可开启鼓风机开关,使鼓风机工作。 　　2. 达到温度后,将试品放入干燥箱内。 　　3. 每台干燥箱附有试品搁板。放置试品时,切勿过密或超载,以免影响热空气对流。另外,在工作室底部散热板上不能放置试品,以防过热而损坏试品
马弗炉	用于高温加热	1. 使用前检查设备是否完好,热电偶是否在恒温区中心。热电偶长度不得小于 600 mm。 　　2. 马弗炉使用半年至一年或更换新炉丝后,应标定一次温度。 　　3. 实验时,其上升温度不应超过技术操作规程所规定的范围,用毕后及时切断电源。 　　4. 马弗炉不宜放置酸性、碱性化学品或强烈氧化剂,金属及其他矿物不允许直接放在炉膛内加热,必须放于瓷器皿内

第三节　化学实验所用的水和试剂

一、实验用水

(一) 纯水的级别

化学实验不能直接使用自来水或其他天然水,而需要使用按一定方法制备的纯水。纯水并不是绝对不含杂质,只是杂质含量低微而已。《分析实验室用水规格和实验方法》(GB 6682—2008)规定的实验室用水的级别及主要指标如表 1-5 所示。

表 1-5 实验室用水的级别及主要指标

项目		一级	二级	三级
pH 范围(25 ℃)		—	—	5.0 ~ 7.5
电导率(25 ℃)(mS/m)	≤	0.01	0.10	0.50
可氧化物质(以 O 计)(mg/L)	≤	—	0.08	0.40
吸光度(254 nm,1 cm 光程)	≤	0.001	0.01	—
蒸发残渣[(105 ± 2)℃](mg/L)	≤	—	1.0	2.0
可溶性硅(以 SiO_2 计)(mg/L)	≤	0.01	0.02	—

在一级、二级纯度的水中,难于测定真实的 pH,因此对其 pH 的范围不作规定;在一级水中,难于测定其可氧化物质和蒸发残渣,故也不作规定。

(二)纯水制备方法

1. 三级水

三级水是实验室使用的最普通的纯水。过去多用蒸馏方法制备,因此所制纯水通常称为蒸馏水。蒸馏法只能除去水中非挥发性杂质,不能完全除去水中溶解的气体杂质。现三级水多用离子交换法制备。离子交换法适宜除去水中离子型杂质,因此所制纯水通常称为去离子水,去离子水中常含有微量的非离子型有机物。

除用蒸馏法和离子交换法制备纯水外,目前电渗析、反渗透、膜分离等纯水制备技术在实验室中也得到了较为广泛的应用。

2. 二级水

二级水对无机、有机或胶态杂质的限量更为严格,可通过将蒸馏、离子交换后得到的三级水,再经蒸馏等纯化方法来制备。

3. 一级水

一级水基本不含有溶解或胶态杂质及有机物,可用二级水经进一步纯化来制备。纯水来之不易,应根据实验对水的要求合理选用适当级别的水,并注意节约用水。化学定量分析实验,一般用三级水。仪器分析实验,一般使用二级水。有的实验可使用三级水,有的实验(如高效液相色谱实验)则需要使用一级水。

(三)纯水质量的检验

纯水质量的检验指标很多,分析化学实验室主要对实验用水的电导率、酸碱度、钙镁离子的含量、氯离子的含量等进行检测。

1. 电导率

选用适合测定纯水的电导率仪(最小量程为 0.02 μS/cm)测定。

2. 酸碱度

要求 pH 为 6 ~ 7。检验方法如下。

1)简易法

取 2 支试管,各加待测水样 10 mL,其中一支试管中加入 2 滴甲基红指示剂不显红色,另一支试管中加入 5 滴 0.1% 溴麝香草酚蓝(溴百里酚蓝)不显蓝色,则符合要求。

2)仪器法

用酸度计测量与大气相平衡的纯水的 pH,6 ~ 7 为合格。

3.钙镁离子的含量

取 50 mL 待测水样,加入 pH = 10 的氨水 – 氯化铵缓冲液 1 mL 和少许铬黑 T(EBT)指示剂,不显红色(应显纯蓝色)为符合要求。

4.氯离子的含量

取 10 mL 待测水样,用 2 滴 1 mol/L HNO_3 酸化,然后加入 2 滴 10 g/L $AgNO_3$ 溶液,摇匀后不浑浊为符合要求。

分析实验用的纯水必须注意保持纯净、避免污染。通常采用以聚乙烯为材料制成的容器盛载实验用纯水。

二、化学试剂

(一)化学试剂的等级与使用

试剂的纯度对分析结果的准确度影响很大,不同的分析工作对试剂纯度的要求也不相同。因此,必须了解试剂的门类与等级标准,以便正确地使用化学试剂。

根据《化学试剂包装及标志》(GB 15346)有关规定,可将实验室常用的化学试剂,按其所含杂质的多少,划分为不同的门类、等级。如化学试剂可分为通用试剂、基准试剂及生物染色剂。此外,还有高纯试剂、专用试剂等。基准、高纯等试剂的纯度相当于或高于优级纯试剂,其价格要比一般试剂高数倍乃至数十倍。因此,应根据分析工作的具体情况进行选择,不要盲目追求高纯度。

化学试剂的等级和主要用途如表1-6 所示。

表1-6 化学试剂的等级和主要用途

门类	等级		标签颜色	主要用途	备注
	中文名称	英文缩写			
通用试剂	优级纯(保证试剂)	GR	深绿	精密分析实验	一级
	分析纯	AR	金光红	普通分析实验	二级
	化学纯	CP	中蓝	一般化学实验	三级
基准试剂		PR	深绿	配制与标定标准滴定溶液	
生物染色剂		BS	玫红	配制微生物标本染色液	

化学试剂选用的一般原则为:

(1)滴定分析常用的标准滴定溶液,一般应选用分析纯试剂配制,再用基准试剂进行标定(某些对分析结果要求不是很高的实验,也可用优级纯或分析纯试剂代替基准试剂);滴定分析中所用其他试剂一般为分析纯。

（2）仪器分析实验一般使用优级纯、高纯或专用试剂,测定微量或超微量组分时应选用高纯试剂。

（3）某些试剂从主体含量看,优级纯与分析纯相同或很接近,只是杂质含量不同。若所做实验对试剂杂质要求高,应选用优级纯试剂;若只对主体含量要求高,则应选用分析纯试剂。

（4）按现行《化学试剂　包装及标志》(GB 15346)的规定,化学试剂的标签上应标明品名(中、英文)、摩尔质量、净重或体积、质量等级、技术要求、产品标准号、生产许可证号、生产批号(日期)、厂名及商标等,危险品等还应给出相应的标志图形符号,详见《化学品安全标签编写规定》(GB/T 15258)。

（5）指示剂的纯度往往不太明确,除少数标明"分析纯""试剂某级"外,经常只注明"化学试剂""企业标准"等。常用的有机试剂有时也等级不明,一般只可作"化学纯"试剂使用。

当所用化学试剂的纯度不能满足实验要求时,应将试剂提纯后再使用。

（二）试剂的取用与保管

化学试剂的储存、保管和取用是实验室一项十分重要的工作。一般原装试剂应存放在通风良好、洁净和干燥的房间,远离火(热)源并注意防止水分、灰尘和其他物质的沾染。实验室待用试剂的盛放容器或试剂瓶等,其外部应贴上标签(最好涂上石蜡保护),标明试剂的名称、规格、浓度及制备时间等。试剂保管不善或取用不当,极易变质或产生沾染,这在分析化学实验中往往是引起误差甚至造成失败的主要原因。因此,必须按一定的要求保管和取用试剂。

1. 试剂的取用

使用前,要认清标签。取用时,不要随意乱放瓶盖(塞),应将其反放在洁净的地方。取完后,应随手盖上瓶盖,切不可"张冠李戴"。固体试剂用干净的药匙取用,用毕应将药匙洗净、晾干备用;液体试剂一般用干净的量器取用,倾倒试剂时,瓶子标签应对着手的虎口,不要将液体洒在外面,多余试剂不要倒回试剂瓶内。使用标准滴定溶液前,应将试剂充分摇匀。

2. 试剂的保管

液体试剂通常盛于细口瓶中,固体试剂一般装在广口瓶内。盛装试剂的试剂瓶都应贴有标签,若标签脱落要用碳素墨水书写或采用计算机打字,贴在试剂瓶的适当位置。标签丢失的试剂,未查明前不得使用。

易腐蚀玻璃的试剂(如氟化物、苛性碱等),应保存在塑料瓶或涂有石蜡的玻璃瓶内。

易被氧化的试剂(如氯化亚锡、低价铁盐等)、易风化或潮解的试剂(如三氯化铝、无水碳酸钠等),应用石蜡密封瓶口。

易受光分解的试剂(如硝酸银、高锰酸钾等),应用棕色瓶盛装,并保存在暗处。

易受热分解的试剂、低沸点的液体和易挥发的试剂,应保存在阴凉处。

剧毒试剂(如氰化物、三氧化二砷等),应存放于保险箱中,妥善保管和安全使用,领用时须登记,余量要回收,对废弃液须进行适当处理。

第四节   实验记录及实验报告

每次实验要做到课前认真预习,实验操作中仔细观察并如实记录实验现象与数据,课后及时完成实验报告。

一、课前预习

实验课前要将实验名称、目的和要求、实验内容与原理、操作方法和步骤等简明扼要地写在记录本中,做到心中有数。

二、实验记录

(1)从实验课开始就要培养严谨的科学作风,养成良好的习惯。

(2)实验条件下观察到的现象应仔细地记录下来,实验中观测的每个结果和数据都应及时、如实地直接记在记录本上。

实验记录本应标上页数,不要撕去任何一页,更不要擦抹及涂改。写错时,可以划去重写。

(3)记录时,必须使用钢笔或圆珠笔,并做到原始记录准确、简练、详尽、清楚。

记录时,应做到正确记录实验结果,切勿夹杂主观因素,这是十分重要的,在含量实验中观测的数据,如称量物的质量、滴定管的读数、分光光度计的读数等,都应设计一定的表格准确记下读数,并根据仪器的精确度准确记录有效数字。例如,光密度值为 0.050,不应写成 0.05。

(4)每一个结果至少要重复观测两次以上,当符合实验要求并确知仪器工作正常后再记录在记录本上。

(5)实验中使用仪器的类型、编号及试剂的规格、化学式、相对分子质量、准确的浓度等,都应记录清楚,以便总结实验完成报告时进行核对和作为查找成败原因的参考依据。

(6)如果对记录的结果有怀疑或发现记录的结果有遗漏、丢失等,都必须重做实验。因为把不可靠的结果当作正确的记录,在实验工作中会造成难以估计的损失。所以,在学习期间就应一丝不苟,努力培养严谨的科学作风。

三、实验报告

实验结束后,应及时整理和总结实验结果,写出实验报告,报告的形式可参照下列方式:

(一)实验题目

所有实验都有一个题目,它应该写在实验报告的顶端,与日期并列在一起,实验题目应该简单明确,使实验的内容一目了然。

(二)实验目的

学生应明确实验目的,也就是通过该实验预期达到的目的。在实验指导中常列出实验目的,要简明扼要。

(三)实验原理

实验原理常以文字表达,也可用图表表示。

（四）仪器与试剂

1. 仪器

对特殊仪器要注明型号、厂家等。

2. 试剂

写明试剂名称、级别、厂家、批号等。

（五）实验方法（步骤）

实验方法（步骤）应尽量条理化，说明要清楚，能参考、能重复，采用提纲式。实验需要一段的时间，要记录观察过程，不能照抄书或讲义，以别人能够重复为准。

（六）实验结果

文字要用科学语言，尽量用图表示，不用零星草稿纸，但可用原始记录本等。

（七）实验结果分析与讨论

实验结果分析与讨论是对实验结果进行正确认识或判断。把书本知识同实验结果联系、综合起来进行分析与讨论，能提高分析和解决问题的能力。

分析：得到的收获及发现的问题。

讨论：成功与失败的原因与设想、预想的一致性，与前人、前次以及他人、他组结果进行比较，找出差异，讨论为什么。

对实验（往往进一步实验）提出改进设想。

记录及时，按时上交报告。

（八）小结

小结主要是提要性地列出本实验的主要结果与收获，也可列出体会最深刻的内容，有时这部分内容不一定要写出，可写在实验结果分析与讨论中。

项目二　数据记录与处理

1. 掌握实验数据的读取原则,对可疑数据能够进行正确的取舍。
2. 能够采用误差和偏差的方式判断实验结果的准确度与精密度。
3. 掌握提高分析结果准确度的方法。

第一节　实验数据的读取与可疑数据的取舍

化学实验现象及本质的分析常常需要通过实验数据来体现,因此不仅需要准确地测量物理量,而且还应正确地记录测得的数据。物理量记录的数据所保留的有效数字位数,应与所用仪器的准确度相适应。计算过程中也应正确地保留结果的位数,避免数字尾数过长所引起的计算误差。

一、有效数字

(一)有效数字的概念

有效数字指实际能测量到的数字,其位数包括所有的准确数字和最后一位可疑数字。有效位数是指从数字最左边第一个不为0的数字起到最后一位数字止的数字个数。有效数字示例见表2-1。

表 2-1　有效数字示例

实验结果(g)	有效数字位数	天平的精确度
0.518 00	5	十万分之一分析天平
0.518 0	4	万分之一分析天平
0.50	2	台秤

(二)有效数字位数的确定

1. 数据中的0

数据中的0有双重作用:

(1)数字中间和数字后边的0都是有效数字。

例如4位有效数字:5.108,1.510。

(2)数字前边的0都不是有效数字。

例如3位有效数字:0.051 8,5.18×10^{-2}。

2. 改变单位,不改变有效数字的位数

例:24.01 mL 和 24.01×10^{-3} L 的有效数字都是4位。

3. 首位为 8 和 9 时,有效数字可以多计 1 位

例:90.0% 可视为 4 位有效数字。

4. pH、pK 或 lgC 等对数值有效数字位数的确定

pH、pK 或 lgC 等对数值有效数字的位数取决于小数部分(尾数)数字的位数,整数部分只代表该数的方次。

例:pH = 11.20 的有效数字是 2 位。

注:分数或比例系数(非测量数字)等不计位数。

(三)数字的修约规则

数字的修约通常遵循四舍六入五留双原则,其口诀为:

4 要舍,6 要入;5 后有数进一位。

5 后无数看单双;单数在前进一位,偶数在前全舍光。

数字修约要记牢;分次修约不应该。

例:将下列测量值修约为 3 位有效数字。

修约前	修约后
4.135	4.14
4.125	4.12
4.105	4.10
4.125 1	4.13
4.134 9	4.13

(四)有效数字的运算规则

(1)加减法:以小数点后位数最少的数为准(以绝对误差最大的数为准)。

例如,0.015 + 34.37 + 4.322 5 = 38.707 5,修约为 38.71。

(2)乘除法:以有效数字位数最少的数为准(以相对误差最大的数为准)。

例如,(15.3 × 0.123 2)/9.3 = 0.202 683 87,修约为 0.203。

二、数据读取

通常读取数据时,在最小准确度量度单位后再估读一位。例如,滴定分析中,滴定管最小刻度为 0.1 mL,读数时要读到小数点后第二位。若始读数为 0.0 mL,应记作 0.00 mL;若终读数在 24.3 mL 与 24.4 mL 之间,则要估读一位,例如读数为 24.32 mL,等等。

三、可疑值的取舍

在一组平行测量中,有时会出现个别测量值偏离较大的现象。对于偏离其他值较大的数据,原因明确的,是过失造成的误差,应舍去;原因不明确的,用 Q 检验法或 $4\bar{d}$ 检验法,确定取舍。当 $4\bar{d}$ 检验法和 Q 检验法相冲突时,以 Q 检验法结果为准。

(一)Q 检验法

Q 检验法的基本步骤为:

(1)数据从小到大排列:$X_1,X_2,\cdots,X_n$。

(2)求极差:$X_n - X_1$。

(3)求可疑数据与相邻数据之差:$X_n - X_{n-1}$ 或 $X_2 - X_1$。

（4）计算：

$$Q = \frac{X_n - X_{n-1}}{X_n - X_1} \quad 或 \quad Q = \frac{X_2 - X_1}{X_n - X_1}$$

（5）根据测定次数和要求的置信度（如90%）查表（见表2-1）。

（6）将 $Q_{计算}$ 与 Q_X（如 $Q_{0.90}$）相比，若 $Q_{计算} > Q_X$，舍弃该数据（由过失误差造成）；若 $Q_{计算} < Q_X$，可疑值应保留。

当数据较少时，舍去1个后，应补加1个数据。

Q 检验法符合数理统计原理，比较严谨、简便，置信度可达90%以上，适用于测定 3~10 次的数据处理。Q 值表见表2-2。

表2-2　Q 值表

测定次数（n）	$Q_{0.90}$	$Q_{0.95}$	$Q_{0.99}$
3	0.94	0.98	0.99
4	0.76	0.85	0.93
5	0.64	0.73	0.82
6	0.56	0.64	0.74
7	0.51	0.59	0.68
8	0.47	0.54	0.63
9	0.44	0.51	0.60
10	0.41	0.48	0.57

例　以生汉堡包水分含量为例，共进行4次重复测定，结果为 64.53，64.45，64.78 和 55.31。55.31 是否舍弃（置信度90%）？

解　（1）排序：55.31，64.45，64.53，64.78。

（2）极差：64.78 - 55.31 = 9.47。

（3）可疑值与最邻近值之差：64.45 - 55.31 = 9.14。

（4）$Q_{计算}$ = 9.14/9.47 = 0.97。

（5）比较：$Q_{计算} > Q_{0.90}$（0.76）。

因此，55.31 应舍去。

（二）$4\bar{d}$ 检验法

对于一些实验数据，也可用 $4\bar{d}$ 法判断可疑值的取舍。$4\bar{d}$ 检验法也称"4乘以平均偏差法"，用 $4\bar{d}$ 检验法判断异常值的取舍时，首先求出除可疑值外的其余数据的平均值和平均偏差，然后将可疑值与平均值进行比较，如绝对差值大于 $4\bar{d}$，则将可疑值舍去；反之，保留。

$4\bar{d}$ 检验法计算简单，不必查表，但数据统计处理不够严密，常用于处理一些要求不高的分析数据。当 $4\bar{d}$ 与其他检验法矛盾时，以其他法为准。

例　测定某食品中的脂肪含量分别为 1.10%、1.00%、1.20%、1.70%。

解　$\bar{x} = (1.10 + 1.00 + 1.20)/3 = 1.10$

$$\bar{d} = \frac{\sum |x_1 - \bar{x}|}{n}$$

$$= \frac{|1.10 - 1.10| + |1.00 - 1.10| + |1.20 - 1.10|}{3} = 0.067$$

$$1.70 - 1.10 = 0.60 > 4 \times 0.067$$

所以1.70%应舍去。

四、测量结果的表示

测量结果最常用的表示方法是均值、平均偏差和相对平均偏差。均值表征测试量的大小,平均偏差和相对平均偏差表征测试的精密度,也就是平均测量值的彼此接近程度。

均值计算公式为

$$\bar{x} \equiv \left(\sum_{i=1}^{n} x_i \right) / n$$

平均偏差计算公式为

$$\bar{d} \equiv \left(\sum_{i=1}^{n} |x_i - \bar{x}| \right) / n$$

相对平均偏差计算公式为

$$相对平均偏差 = \frac{\bar{d}}{\bar{x}} \times 100\%$$

式中　x_i——第 i 次测量值;

　　　n——测量的次数。

例　有测试值10.09,10.11,10.09,10.10,10.12,求其平均值、平均偏差、相对平均偏差。

解　平均值为

$$\bar{x} = \frac{10.09 + 10.11 + 10.09 + 10.10 + 10.12}{5} = 10.102$$

但测试值仅准确到小数点后面第一位,第二位已为可疑位,故平均值应表示为10.10。

平均偏差为

$$\bar{d} = \frac{|10.09 - 10.10| + |10.11 - 10.10| + |10.09 - 10.10| + |10.10 - 10.10| + |10.12 - 10.10|}{5}$$

$$= 0.01$$

相对平均偏差为

$$\frac{0.01}{10.10} \times 100\% = 0.1\%$$

通常平均偏差与相对平均偏差只取一位有效数字。

【课堂练习】

测定100 g某果汁中维生素C的含量,进行了9次平行测定,经校正系统误差后,数据为3.49,3.53,3.71,3.46,3.44,3.39,3.56,3.57,3.51,单位为mg,置信度为99%,用 Q 检验法检验数据中的可疑值。

第二节　实验结果的评价

在化学分析工作中,分析人员要想得到最终的数据,一定要使用容器、量器、仪器和设备等工具,同时也会使用相关的化学试剂,在一系列的操作后就可以得到数据了。而仪器、试剂、量具以及容器都会出现一定的误差,甚至是采用同一方法对同一样品进行分析,最后得到的数据也不会是完全一致的,是很难避免客观存在的误差的,而为了进一步提高所得数据的准确性,我们应对误差的来源进行充分的分析和科学的判断,从而最大限度地减小化学分析工作中的误差。

一、误差的分类

在进行物理量的测量时,由于外界条件的影响,测量技术和实验者观察能力的限制,测量值都有误差。按产生误差的原因及特点可分为系统误差、偶然误差和过失误差三类。

(一)系统误差

系统误差是在分析过程中由于某些固定的原因所造成的误差,具有单向性和重现性,使所测的数据恒偏大或恒偏小。一般可找出原因,设法消除或减小。

1. 特点
(1)对分析结果的影响比较恒定;
(2)在同一条件下,重复测定,重复出现;
(3)影响准确度,不影响精密度;
(4)可以消除。

2. 产生的原因
(1)方法误差——选择的方法不够完善。
例如:重量分析中沉淀的溶解损失;滴定分析中指示剂选择不当等。
(2)仪器误差——仪器本身的缺陷。
例如:天平两臂不等,砝码未校正;滴定管、容量瓶未校正等。
(3)试剂误差——所用试剂有杂质。
例如:去离子水不合格;试剂纯度不够(含待测组分或干扰离子)等。
(4)主观误差——操作人员主观因素造成。
例如:对指示剂颜色辨别偏深或偏浅;滴定管读数不准等。

3. 系统误差的减免
(1)方法误差——采用标准方法,对比实验。
(2)仪器误差——校正仪器。
(3)试剂误差——做空白实验、试剂提纯。
(4)主观误差——改正实验者操作上的不良习惯。

(二)偶然误差

偶然误差是指由于在测量过程中,不固定的因素所造成的误差。它又称为不可测误差、随机误差。

1. 特点
(1)正误差和负误差出现的机会相等。
(2)小误差出现的次数多,大误差出现的次数少,个别特别大的误差出现的次数极少。
(3)在一定条件下,有限次测定值中,其误差的绝对值不会超过一定界限。

2. 产生的原因

偶然误差是由于外界条件（如温度、湿度、压力、电压等）不可能保持绝对恒定，它们总是不时地发生着不规则的微小变化，以及实验者在估计仪器最小分度值以下数值时难免会有时略偏大、有时略偏小等因素所引起的，所以它有时大、有时小，有时正、有时负。虽然可通过改进测量技术、提高实验者操作熟练程度来减小，但不可避免。

3. 偶然误差的减小

某些偶然因素造成的误差，取多次测量的算术平均值，可减小误差，且测量次数越多，也就越接近真值。

（三）过失误差

由于操作不仔细（如看错读数、加错试剂、记录写错等）而造成的误差称为过失误差。只要实验者严肃、认真地进行实验工作，这种误差就可以避免。过失误差所得的实验结果应该舍去。

二、误差的表示方法

（一）准确度和精密度——分析结果的衡量指标

（1）准确度——分析结果与真实值的接近程度。

准确度的高低用误差的大小来衡量，误差一般用绝对误差和相对误差来表示。

（2）精密度——几次平行测定结果相互接近的程度。

精密度的高低用偏差来衡量，偏差是指个别测定值与平均值之间的差值。

（二）准确度与误差

（1）绝对误差——测量值与真实值之差。计算公式为

$$绝对误差(E) = 测量值 - 真实值$$

（2）相对误差——误差在真实值（结果）中所占的百分率。计算公式为

$$相对误差(RE) = (测量值 - 真实值)/真实值 \times 100\%$$

例　测定值57.30，真实值57.34。求：绝对误差（E），相对误差（RE）。

解　绝对误差 = 57.30 - 57.34 = -0.04

相对误差 = -0.04/57.34 × 100% = -0.07%

绝对误差和相对误差都有正值和负值，分别表示分析结果偏高或偏低。由于相对误差能反映误差在真实值中所占的比例，相对误差更准确些，因此常用相对误差来表示或比较各种情况下测定结果的准确度。

（三）精密度与偏差

在实际分析工作中，真实值并不知道，一般取多次平行测定值的算术平均值来表示分析结果。各次测定值与平均值之差称为偏差。偏差的大小可表示分析结果的精密度，偏差越小，说明测定值的精密度越高。偏差也分为绝对偏差和相对偏差。

（1）绝对偏差。

绝对偏差是指单项测定值与平均值的差值。计算公式为

$$d = x - \bar{x}$$

（2）相对偏差。

相对偏差是指绝对偏差占平均值的百分率或千分率。计算公式为

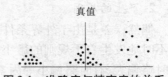

$$d\% = \frac{x - \bar{x}}{x} \times 100\%$$

（四）准确度与精密度的关系（见图 2-1）

（1）准确度高必须精密度高。

（2）精密度高并不等于准确度高。

图 2-1   准确度与精密度的关系

第三节   提高分析结果准确度的方法

一、选择合适的分析方法

样品中待测成分的分析方法很多,怎样选择最恰当的分析方法是需要周密考虑的问题。一般来说,应该综合考虑下列因素。

（一）分析要求的准确度和精密度

不同的分析方法的灵敏度、选择性、准确度、精密度各不相同,要根据生产和科研工作对分析结果要求的准确度和精密度来选择适当的分析方法。滴定分析、重量分析等化学分析方法灵敏度不高,适用于高含量分析。微量分析较适合用仪器分析的方法。

（二）分析方法的繁简和速度

不同分析方法操作步骤的繁简程度和所需时间及劳力各不相同,每次分析的费用也不同,要根据待测样品的数目和要求取得分析结果的时间等来选择适当的分析方法。同一样品需要测定几种成分时,应尽可能选用能用同一份样品处理液同时测定该几种成分的方法,以达到简便、快速的目的。

（三）样品的特性

各类样品中待测成分的形态和含量不同,可能存在的干扰物质及其含量不同,样品的溶解和待测成分提取的难易程度也不相同。要根据样品的这些特征来选择制备待测液、定量测定待测成分和消除干扰的适宜方法。

（四）现有条件

分析工作一般在实验室中进行,各级实验室的设备条件和技术条件也不相同,应根据具体条件来选择适当的方法。

在具体情况下究竟选用哪一种方法,必须综合考虑上述各项因素,但首先必须了解各类方法的特点,如方法的精密度、准确度、灵敏度等,以便加以比较。

二、正确选取样品的量,减小测量误差

正确选取样品的量与实验结果的准确度有很大的关系。例如常量分析,滴定量或质量过多或过少都是不恰当的。

例   分析天平的称量误差在 ±0.000 1 g,如使测量时的相对误差在 0.1% 以下,试样至少应该称多少克?

解   相对误差 = 绝对误差/试样重 × 100%

试样重 = 绝对误差/相对误差 = 0.000 2 g /0.1% = 0.2 g

样品称重必须在 0.2 g 以上,才可使测量时相对误差在 0.1% 以下。

三、增加平行测定的次数,减小偶然误差

取同一试样几份,在相同的操作条件下对它们进行分析,叫作平行测定。增加平行测定的次数,可以减小偶然误差。对同一试样,一般要求平行测定 2~4 份,以获得较准确的结果。

四、消除测量过程中的系统误差

(一)做空白、对照实验

空白实验:指不加试样,按分析规程在同样的操作条件下进行分析而得到的空白值。然后从试样中扣除此空白值就得到比较可靠的分析结果。例如,用以确定标准溶液准确浓度的实验,国家标准规定必须做空白实验。

对照实验:用标准试样代替试样进行的平行测定。相关的计算公式为

$$校正系数 = 标准试样组分的标准含量 / 标准试样测得含量$$
$$被测组分含量 = 测得含量 \times 校正系数$$

(二)对各种试剂、仪器进行校正

分析天平、砝码、容量器皿等仪器应定期送到计量管理部门鉴定,以保证仪器的灵敏度和准确度。

各种标准试剂应按规定定期标定,以保证试剂的浓度和质量。

五、实验用水的要求

化学实验中离不开蒸馏水或特殊制备的纯水,但是一般的测定项目中,可用普通蒸馏水,即试剂的配制或检测过程中所加入的水都是蒸馏水。蒸馏水就是由常用的水经过蒸馏制得的。

由于普通蒸馏水中含有 CO_2、挥发性酸、氨和微量元素、金属离子等,所以进行灵敏度高的微量元素的测定时,往往将蒸馏水作特殊处理,一般采用硬质全玻璃重蒸一次,或用离子交换纯水器处理,就可得到高纯度的特殊用水。特殊用水的制备方法介绍如下:

(1)用于酸碱滴定的无 CO_2 用水的制备。

将普通蒸馏水加热煮沸 10 min 左右,以除去原蒸馏水中的 CO_2,盖塞备用。

(2)用于微量元素测定用水。

可用全玻璃蒸馏器蒸馏一次以便使用。

(3)用于一些有机物测定的水。

在普通蒸馏水中加入高锰酸钾碱性溶液,重新蒸馏一次。

(4)用于测定氨基氮的无氨水。

在每升蒸馏水中加 2 mL 浓硫酸和少量高锰酸钾(保持紫红色),再蒸馏一次。

(5)去离子水。

这是一般化学实验常用的水。通过阴、阳离子交换器处理,基本上蒸馏水中的 K^+、Na^+、Mg^{2+}、Ca^{2+}、Cu^{2+} 等阳离子或酸性的 CO_3^{2-}、SO_4^{2-}、Cl^-、NO_3^- 等阴离子通过阴、阳离子交换树脂被交换除去。

对蒸馏水的纯度可以用电导仪或专门的水纯度测定仪来测定,对于水中含有的有机物

可通过化学方法进行检测。

六、作回收实验

样品中加入标准物质,测定其回收率,可以检验实验方法的准确程度和样品所引起的干扰误差,并可以求出精密度。回收率计算公式为

$$P = (X_1 - X_0)/m \times 100\%$$

式中　P——加入标准物质的回收率(%);

X_1——加标样品的测定值;

X_0——未知样品的测定值;

m——加入标准物质的量。

七、标准曲线的回归

标准曲线常用于确定未知浓度,其基本原理是测量值与标准浓度成比例。在用比色计、荧光计、分光光度计时,常需要制备一套标准物质系列,例如在 721 型分光光度计上测出吸光度 A,根据标准系列的浓度和吸光度绘出标准曲线。但是,在绘制标准曲线时,点往往不在一条直线上,对这种情况可用回归法求出该线的方程,就能最合适地代表此标准曲线。

项目三　化学实验基本操作技能

1. 掌握玻璃仪器的洗涤和干燥方法。
2. 重点掌握滴定分析仪器及天平的使用方法。
3. 掌握物质的加热、试剂的取用、固液分离等基本实验技能。
4. 学会配制不同浓度的溶液。

第一节　玻璃器皿的洗涤和干燥

实验用过的玻璃器皿必须立即洗涤,应该养成这样的习惯。这是由于污垢的性质在当时是清楚的,使用适当的方法进行洗涤是很容易做到的,长久不洗会增加洗涤的困难。

玻璃器皿洗净的标志是:加水后倒置,水顺着器壁流下,内壁被水均匀润湿,有一层既薄又均匀的水膜,不挂水珠。

一、洗涤方法

洗涤的方法是根据黏附在器壁上的物质的性质,"对症下药"地采用适当的药品来处理。常见的处理方法有以下五种:

(1)一般的污垢用水、洗衣粉、去污粉刷洗(刷子是特制的,如瓶刷、烧杯刷、冷凝管刷等)。

(2)酸性污垢用碱性洗液洗:

①油脂、有机酸用碱液和合成洗涤剂配成的浓溶液清洗;

②硫黄用煮沸的石灰水清洗。

(3)碱性污垢用酸性洗液洗:

①草酸和硫酸可以洗涤掉二氧化锰;

②铬酸对有机污垢破坏力很强,还可以洗涤掉少量炭化残渣及蒸发皿和坩埚上的污迹(铬酸洗液可以反复使用,但变绿时失效,不可再用,应弃去);

③浓盐酸可以洗涤掉碳酸盐污垢及二氧化锰;

④硝酸可以洗涤掉附着在器壁上的铜或银(难溶性银盐还可用硫代硫酸钠洗液洗)。

(4)有机污垢用碱液或有机溶剂清洗,如丙酮、乙醚、苯可以洗去胶状或焦油状有机污垢、油脂、有机酸等。

(5)瓷研钵内污迹,可取少量食盐水放在其中研磨,倒去食盐水后,再用水冲洗。

应当注意的是,用腐蚀性洗液洗时则不用刷子,不能用沙子洗涤玻璃器皿。

玻璃器皿洗净后,用蒸馏水淋洗。

试管的洗涤方法如图 3-1 所示。

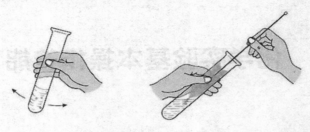

图 3-1   试管的洗涤方法

二、干燥方法

（1）洗净后不急用的玻璃仪器倒置在实验柜内或仪器架上晾干。

（2）急用仪器的干燥方法为：

①放在电烘箱内烘干，放进去之前应尽量把水倒尽。

②烧杯和蒸发皿可放在石棉网上用小火烤干，试管可直接用小火烤干。操作时，试管口向下，来回移动，烤到不见水珠时，使管口向上，以便赶尽水汽。

③可用电吹风把仪器吹干。

④带有刻度的计量仪器不能用加热的方法进行干燥，以免影响仪器的精密度，可用易挥发的有机溶剂（如酒精或酒精与丙酮体积比为 1:1 的混合液）荡洗后晾干。

■ 第二节   物质的加热

温度的升高可以加快化学反应速率，因此在化学实验中经常涉及对反应体系加热。实验室中经常使用明火直接加热反应容器，常用的有煤气灯和酒精灯。也可用电热装置加热反应容器，如电炉、电热套等。

一、酒精灯加热

酒精灯是无机化学实验中最常用的加热器具，常用于加热温度不需太高的实验，其火焰温度在 400~500 ℃，灯焰由焰心、内焰、外焰三部分组成，焰心中含有没有燃烧的酒精蒸气，内焰燃烧得不充分，外焰温度最高，而焰心温度最低。物体用酒精灯火焰加热时，应放在内焰和外焰交界部位，在外焰部位最好。若要使灯焰平稳，并适当提高温度，可以加金属网罩。

使用酒精灯以前，应先检查灯芯并修整，如果顶端已烧平或烧焦或不齐，就要用镊子向上拉一下，剪去焦处。加入酒精量以酒精灯容积的 1/3~2/3 为宜。绝对不允许向燃着的酒精灯中添加酒精，以免发生危险。

点燃酒精灯时，绝对不能拿燃着的酒精灯去点燃另一盏酒精灯。酒精灯连续使用时间不能太长，以免酒精灯灼热后，使灯内酒精大量汽化而发生危险。酒精灯不用时，必须盖好灯帽，否则酒精蒸发后不易点燃。

实验室可用于加热的器皿有烧杯、烧瓶、试管、蒸发皿。这些仪器能承受一定的温度，但不能骤冷骤热。因此，在加热前，必须将器皿外面的水擦干，加热后不能立即与潮湿的物体接触。用烧杯、烧瓶等玻璃仪器加热液体时,底部必须垫上石棉网,否则容易因受热不均而破裂。

酒精灯的使用如图 3-2 所示。

图 3-2　酒精灯的使用

(一)加热液体

用试管加热液体,液体的量不能超过试管总容量的 1/3,试管可直接放在火焰上加热,试管与桌面呈 45°~60°,试管口不能对着人。加热时先均匀受热,然后小心地加热液体的中上部,慢慢移动试管,使其下部受热,并不时地上下移动或振荡试管,从而使液体各部位受热均匀,注意防止液体沸腾冲出,引起烫伤。

(二)加热试管内的固体试剂

加热试管内的固体时,如图 3-3 所示,将固体试剂装入试管底部,铺平,并且必须使试管口向下倾斜,以免试管口冷凝的水珠倒流到灼热的试管底部而使试管炸裂。加热时,先使试管各部分均匀受热,然后固定在放固体药品的部位再集中加热。

图 3-3　试剂的加热

二、热浴加热

玻璃仪器如烧瓶、烧杯,应放在石棉铁丝网上加热;否则,仪器容易受热不均而破裂。如果要控制加热的温度,增大受热面积,使反应物质受热均匀,避免局部过热而分解,最好用热浴加热。

(一)水浴

加热温度不超过 100 ℃时,最好用水浴加热。加热温度在 90 ℃以下时,可将盛物料的容器部分浸在水中(注意勿使容器接触水浴底部),调节温度的大小,把水温控制在需要的温度。

(二)油浴

加热温度在 100~250 ℃时,可以用油浴。油浴的优点在于温度容易控制在规定范围内,容器内的反应物受热均匀。容器内反应物的温度一般要比油浴温度低 20 ℃左右。

常用的油类有液体石蜡、豆油、棉籽油、硬化油(如氢化棉籽油)等。新用的植物油受热到 220 ℃时,往往有一部分分解而易冒烟,所以加热以不超过 220 ℃为宜,用久以后,可加热到 220 ℃。药用液体石蜡可加热到 220 ℃,硬化油可加热到 250 ℃左右。

用油浴加热时,要特别当心,防止着火。当油的冒烟情况严重时,应立即停止加热。万一着火,也不要慌张,可首先关闭煤气灯,再移去周围易燃物,然后用石棉板盖住油浴口,火即可熄灭。油浴中应悬挂温度计,以便随时调节火焰,控制温度。

(三)沙浴

沙浴是以细沙作为加热介质的热浴方法。沙升温很高,可达 350 ℃ 以上。操作方法与水浴基本相同,但由于沙比水、油的传热性差,故沙浴的容器宜半埋在沙中,其四周沙宜厚,底部沙宜薄。

三、电热设备加热

实验室中经常使用各种电热设备加热反应容器,尤其是在不宜使用明火的实验中,一定要使用电热设备加热。

(一)普通电炉

电炉是最简单的电加热设备,在使用电炉时,须在加热容器和电炉间垫一块石棉网,使容器受热均匀。

(二)电热包

圆底烧瓶或三口烧瓶用大小不同的电热包加热十分方便和安全。用调压变压器来控制电热包,可任意调节加热的程度。电热包的电阻丝是用玻璃布包裹着的,加热过度会使玻璃布熔融变硬,容易碎裂。更不可让有机液体或酸碱盐溶液流到电热包中,那样会造成电阻丝的短路或腐蚀,使电热包损坏。

(三)烘箱

烘箱是实验室常用的电加热设备之一,附有自动控制温度装置,其主要用途是烘干物料,也可以加热密封的反应容器,如在水热合成中用于加热密封的反应釜。烘箱温度保持在 100 ℃ 左右可除去物料中的水分。如果温度再高,还可除去某些物料中的结晶水。例如,在 120 ~ 125 ℃ 的烘箱中,结晶氯化钡($BaCl_2 \cdot 2H_2O$)中的结晶水可被脱去。另外,如烧杯及称量瓶之类的器皿亦常在烘箱中烘干。

烘箱规格大小不一,使用温度一般不得超过 200 ℃。烘箱和一切电阻丝加热器一样,在使用时要逐渐升温。禁止将易燃易爆物质和具有腐蚀性、升华性的物质放入烘箱中烘烤。

(四)高温炉

高温炉分为箱式炉和管式炉,箱式高温炉也叫马弗炉。用电阻丝加热的高温炉温度最高达 900 ~ 1 100 ℃,用硅碳棒加热的则可达 1 300 ℃ 的温度,用硅钼棒加热则可达 1 600 ℃ 的高温。高温炉通常都附有热电偶高温计,有的还附有自动控温装置,使操作更加安全、准确。

高温炉的主要用途是灼烧坩埚和沉淀。根据不同物质的要求,最常用的温度在 800 ~ 1 000 ℃。

高温炉在升温时温度要逐渐升高,否则容易使加热元件损坏。在使用高温炉灼烧沉淀时,应将滤纸在煤气灯上尽量灰化后再放入炉中。如把仍留有大量未灰化滤纸的坩埚突然放入高温炉处,则会马上燃烧,易将沉淀带出。在高温炉旁边放一块石棉板,红热的坩埚自炉中取出后,先在石棉板上放置一会儿,让温度略降,再放入干燥器中。

(五)微波炉

近年来,微波加热已成为一种较普遍和方便的加热方法。在一些合成反应的加热中,使用微波加热,能量利用率高,加热迅速、均匀,而且可以防止物质在加热过程中的分解、变质。

■ 第三节 试剂的取用

实验室中,固体试剂一般放在广口瓶内,液体试剂盛放在细口瓶内或滴瓶内,见光易分解的试剂盛放在棕色瓶内。实验所用的试剂,有的有毒性,有的有腐蚀性,因此一律不准用口尝它的味道或用手去拿药品。取用时,应看清标签,用右手握住试剂瓶,瓶上贴的标签应对着手心(虎口),打开瓶塞,将瓶塞反放在实验台上;根据用量取用试剂,不必多取;取完试剂,盖严瓶塞,将试剂瓶放回原处。

一、固体试剂的取用

(一)取粉末或小颗粒的药品要用洁净的药匙

往试管里装粉末状药品时,为了避免药粉沾在试管口和管壁上,可将装有试剂的药匙或纸槽平放入试管底部,然后竖直取出药匙或纸槽。

(二)取块状药品或金属颗粒要用洁净的镊子夹取

装入试管时,应先把试管平放,把颗粒放进试管口内后,再把试管慢慢竖立,使颗粒缓慢地滑到试管底部。

二、液体试剂的取用

(一)取少量液体时,可用滴管吸取

取出后,滴管不能伸入接受容器中,以免接触器壁而污染药品,更不能伸入到其他液体中。装有药品的滴管不能横置或管口向上斜放,以免药品流入滴管的胶头中,引起药品的变质。

(二)粗略量取一定体积的液体时,可用量筒

读取量筒内液体体积的数据时,量筒必须垂直放平稳,以液面呈弯月形的最凹处与刻度的相切点为准,且使视线与量筒内液体的凹液面最低处保持在一个水平,偏高或偏低都会因读不准而造成较大的误差,倾注完毕,可将量筒轻触容器壁使残留液滴流入容器。

量筒的读数如图 3-4 所示。

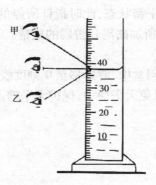

图 3-4 量筒的读数(甲和乙为错误的读数方式)

（三）准确量取一定体积的液体时，应使用吸量管、移液管或滴定管

如需准确量取一定体积的液体，应使用吸量管、移液管或滴定管。

液体药品的拿、量、放、注口诀：

拿瓶标签对虎口，瓶盖倒置别乱丢，量液注意弯月背，取后塞好药送回。

第四节　物质的称量

合理地使用称量仪器、正确地称量物质是实验取得成功的有力保证。对于称量精度要求不高的情况，可选用托盘天平和低精度的电子天平。对于分析实验等要求高精度称量的情况，则需使用电子分析天平。

在使用各种精度的天平时，要注意天平的负载不能超过规定限度，否则会损坏天平。化学试剂或潮湿的物体不能直接与天平接触，应该放在表面皿或称量瓶中称量。具有吸湿性或能放出腐蚀性气体的物质，必须放在密闭容器内称量。

为了消除称量中的系统误差，在一个试样的分析或一组有关的分析中，应使用同一台天平。

一、托盘天平的使用方法和操作练习

（一）使用方法

托盘天平（见图3-5）又叫台秤，常用于准确度不高的称量，一般准确度为±0.1 g，其操作步骤如下。

（1）调零点。

称量前，先将游码调到标尺的0刻度线处，检查天平的指针是否停在刻度盘的中间位置，若不在中间位置，可调节天平托盘两侧的平衡螺丝，使指针指到零点。

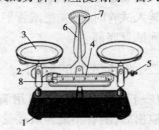

1—底座；2—托盘架；3—托盘；4—标尺；
5—平衡螺母；6—指针；7—分度盘；8—游码

图3-5　托盘天平

（2）称量时，左托盘放被称物，右托盘放砝码。

药品不能直接放在托盘上，可放在称量纸或表面皿上。加砝码时，砝码用镊子夹取，应先加质量大的，后加质量小的，10 g或5 g以下可移动游码。当添加砝码到天平的指针停在刻度盘的中间位置时，天平处于平衡状态，此时指针所停的位置称为停点，零点与停点相符时（允许偏差1小格以内），记录所加砝码和游码的质量。

（3）称量完毕。

称量完毕，应将砝码放回砝码盒中，游码移至0刻度线处，并把天平的两个托盘重叠后，放在天平的一侧，使天平静止，以免天平摆动，保护天平的刀口。特别需要注意的是，不能利用托盘天平称量热的物体。

（二）操作练习

（1）调零点。

（2）称量。

粗称氢氧化钠15～20 g三份，记录数据。

（3）将砝码放回砝码盒，游码移至0刻度线处，并把天平的两个托盘重叠后，放在天平的一侧。

托盘天平的使用口诀：

水平台上,游码归零,横梁平衡,左物右砝,先大后小,横梁平衡。

二、电子天平的使用方法

电子天平是一种先进的称量仪器,它称量方便、迅速,读数稳定、准确度高。近年来电子天平的生产技术得到了飞速的发展,市场上出现了一系列从简单到复杂,可分别用于多种级别称量任务的电子天平,这些天平采用单项目传感技术,具有极强的功能和杰出的性能价格比。随着实验室装备的现代化,传统的托盘天平和电光天平会逐渐被电子天平所代替。

电子天平有多种规格,其最大称量值可从几克到几十千克,精确称量范围从 0.1 μg 到 1 g,实验室常用的电子天平,其可读性一般为 0.1 g、0.01 g 和 0.001 g。电子分析天平可精确称量到 0.1 mg,可以满足一般化学分析实验中的称量要求。

（一）称量原理及特点

电子天平是目前最新一代的天平,有顶部承载式(吊挂单盘)和底部承载式(上皿式)两种。它是根据电磁力补偿工作原理,使物体在重力场中实现力的平衡;或通过电磁力矩的调节,使物体在重力场中实现力矩的平衡,整个称量过程均由微处理器进行计算和调控。当秤盘上加载后,即接通了补偿线圈的电流,计算器就开始计算冲击脉冲,达到平衡后,显示屏上即自动显示出载荷的质量值。

电子天平的特点是:通过操作者触摸按键可自动调零、自动校准、扣除皮重、数字显示、输出打印等,同时具有重量轻、体积小、操作简便、称量速度快等优点。

（二）电子天平的使用方法

使用电子天平进行称量的步骤如下:

(1)观察天平的水平泡是否在水平仪中心位置,如果不在,用水平脚调整水平。无论是哪一种天平,在开始称量前,都必须使天平处于水平状态才可以进行称量,调整水平的方法基本相同。

(2)称量前,接通电源预热 30 min。

(3)校准:首次使用天平必须先校准;将天平从一地移到另一地使用时或在使用一段时间(30 天左右)后,应重新对天平进行校准。为使称量更为精确,亦可随时对天平进行校准。校准可按说明书,用内装校准砝码或外部自备有修正值的校准砝码进行。

(4)称量时,按下显示屏的开关键,待显示稳定的零点后,将物品放到秤盘上,关上防风门。显示稳定后,即可读取称量值。操作相应的按键可以实现"去皮"等称量功能。

如用小烧杯称取试样时,可先将洁净、干燥的小烧杯放在秤盘中央,显示数字稳定后按"去皮"键,显示即恢复为零,再缓缓加试样至显示出所需试样的质量时,停止加样,直接记录称取试样的质量。

(5)称量完毕后,轻按开关按钮,关闭天平。

(6)拔下电源插头。

(7)若短时间(如 2 h)内暂不使用天平,可不关闭天平电源开关,以免再使用时重新通电加热。

（三）使用电子天平的注意事项

(1)将天平置于稳定的工作台上,避免振动、气流及阳光照射。

（2）在使用前调整水平仪气泡至中间位置。

（3）称量物的温度必须与天平温度相同，称量易挥发、吸湿或者具有腐蚀性的物品时，要盛放在密闭的容器中，以免腐蚀和损坏电子天平。

（4）经常对电子天平进行自校或定期外校，保证其处于最佳状态。

（5）天平不可过载使用，以免损坏天平。

（6）若长期不用电子天平，应妥善收藏好。

（7）开关天平两边侧门时，动作要轻、缓（不发出碰击声响）；天平的上门仅在检修时使用，不得随意打开；读数时，必须关好侧门。

三、试样的称量方法

通常在分析测试工作中使用的玻璃或陶瓷器皿，它的表面都会吸附大气中的水分，粉末固体试样或试剂尤其会吸附更多的水分，这种吸附着的水分含量会随大气温度而改变。为了避免水分含量对测量结果的影响，在称取所用器皿或试样的质量时，必须保持它们处于完全干燥状态。为此，在称量一个物体或称取试样时，必须采取合适的天平、器皿和注意规范操作。

（一）称量瓶和干燥器

固体试剂或试样一般都装入称量瓶（见图 3-6）再进行称量，称量瓶具有磨口玻璃盖以保持密封，为保持其干燥，再将称量瓶置于干燥器中。干燥器内常放入无水氯化钙或变色硅胶或浓硫酸作为干燥剂，干燥器及其使用方法见图 3-7。

（a）高型称量瓶　　（b）低型称量瓶

图 3-6　称量瓶

干燥器是一种具有磨口盖子的容器，其中部有

图 3-7　装干燥剂的方法及干燥器的开启、搬动

一块带孔瓷板以便放置干燥后的试样。磨口盖的磨口面涂有一层凡士林，当盖子盖上时，可以隔绝空气。在打开或盖回盖子时，要使盖子向平面滑动而不是向上拔或向下压。在移动干燥器时，要用双手扶好盖子以免滑下打破。灼热的物体不要放入干燥器，因为灼热的东西会使干燥器内的空气膨胀，凡士林融化致使盖子滑下。同时，如果将太热的物体放入干燥器，冷却后，会造成干燥器内形成真空而难以打开。

（二）称量方法

使用分析天平进行称量的方法有直接称量法、固定质量称量法及差数称量法。

1. 直接称量法

欲知道某一未知质量物体的质量，可将此物体直接放在天平上进行称量，从而获得该物体准确质量的方法，称为直接称量法。

2. 固定质量称量法

固定质量称量法也称增重法。此法适用于称量不易吸水、在空气中稳定的试样,如金属、矿石等。

首先称量盛试样用的洁净、干燥的容器(如表面皿或小烧杯等)或一张称量纸(将其叠成小铲),然后根据所需试样的量,用药勺将试样分次逐步加入容器中,直至天平达到预先确定的数值为止。

用药勺加入试样或基准物的具体操作:将药勺柄端顶在掌心,用拇指和中指拿稳药勺后将其伸向承接试样的器皿或称量纸小铲的中心部位上方 1～2 cm 处,将药勺微微倾斜,并用食指轻轻弹动药勺柄使试样慢慢落下,直至天平显示所需的数字。所加入试样的质量即为指定称取的质量。固定质量称量法如图 3-8 所示。

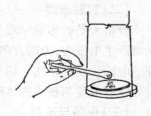

图 3-8　固定质量称量法

3. 差数称量法

差数称量法又叫作差减法或减量法。采用本法时,称取试样的量由两次称量之差值来计算。操作方法如下所述:

在洗净并干燥的称量瓶中装入适量的试样,盖上瓶盖,置于电子天平称量盘上。准确称得其质量为 $m_1(g)$。然后用左手以纸条套住称量瓶,将它从天平盘上取下,移至烧杯或锥形瓶上方,右手以小纸片捏取称量瓶盖,轻轻将其打开,将称量瓶慢慢向下倾斜,用瓶盖轻轻敲击瓶口,使试样慢慢倒入烧杯或锥形瓶中。估计达到需要量时,一边慢慢地把称量瓶竖直,一边轻轻敲击瓶壁,使附在瓶口的试样落入烧杯或称量瓶中(注意:试样不得粘在称量瓶口或有丝毫损失),然后盖好瓶盖。将称量瓶放回天平盘上称量,设其质量为 $m_2(g)$,则二次称量之差$(m_1 - m_2)$即为称取试样的质量。如试样取得太少可再取一次,但取多了不可倒回原称量瓶中。如果试样量超过太多,应重新称取一份。如此继续进行,可称多份试样。第一份试样质量为$(m_1 - m_2)$;第二份试样质量为$(m_2 - m_3)$……对易吸水、易氧化或易与 CO_2 反应的试样必须采用此法称量。

差数称量法如图 3-9 所示。

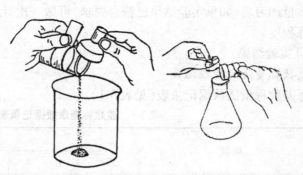

(a) 取称物瓶的方法　　　　　　(b) 将试样从称量瓶转移入接收器的操作

图 3-9　差数称量法

四、实验实训——分析天平称量练习

（一）实验目的

（1）了解分析天平的构造。

（2）学会分析天平的使用方法。

（3）培养准确、简明地记录实验原始数据的习惯。

（二）实验原理

分析天平的称量原理大都依据电磁力平衡理论。我们知道，把通电导线放在磁场中，导线将产生电磁力，力的方向可以用左手定则来判定。当磁场强度不变时，力的大小与流过线圈的电流强度成正比。如果使重物的重力方向向下，电磁力的方向向上，并与之平衡，则通过导线的电流与被称物体的质量成正比。

（三）仪器与试剂

1. 仪器

分析天平、干燥器、称量瓶、小烧杯。

2. 试剂

NaCl（供称量练习使用）。

（四）实验步骤

1. 直接称量法

任取一试样，称其质量。

2. 差数称量法

首先从干燥器中取出盛有 NaCl 的称量瓶，准确称得其质量为 m_1。倾样时，由于初次称量，缺乏经验，很难一次倾准，因此要试称，即第一次倾出少些，粗称后，继续倾出所需量后，再准确称量（称量瓶 + NaCl）的质量，记为 m_2，则 $m_1 - m_2$ 即为倾出试样的质量。

3. 固定质量称量法

从干燥器中取出干燥的小烧杯，放在分析天平上称量，去皮后，用小药匙将试样分次逐步加入到小烧杯中，直至天平达到预先确定的数值为止。

经称量练习后，如果实验结果已符合要求，再做一次计时称量练习，以检验自己称量操作的熟练程度。

（五）实验结果

1. 差数称量法的数据记录

填写差数称量法数据记录表（见表3-1）。

表 3-1 差数称量法数据记录表

项目	称量序号		
	1	2	3
（称量瓶 + NaCl）的质量（倾出前）m_1（g）			
（称量瓶 + NaCl）的质量（倾出后）m_2（g）			
倾出试样的质量（$m_1 - m_2$）（g）			

2.固定称量法的数据记录

填写固定称量法数据记录表(见表3-2)。

表3-2　固定称量法数据记录表

项目	称量序号		
	1	2	3
称得试样的质量(g)			

(六)注意事项

(1)实验前,必须认真预习本实验有关内容,严格遵守天平的操作规程。

(2)拿取称量瓶和小烧杯,可借助于洁净干燥的纸带或戴上洁净的手套,不能直接用手。

(3)不能称量热的物品。

第五节　滴定分析仪器及其使用

一、移液管和吸量管

(一)移液管

移液管是用于准确移(吸)取一定体积溶液的量出式玻璃量器,正规名称是"单标线吸量管",习惯上称为移液管。

移液管有各种形状,最普通的是中部吹成圆柱形,圆柱形以上及以下为较细的管颈,下部的管颈拉尖,上部的管颈刻有一环状刻度。移液管为精密转移一定体积溶液时所用。移液管的标称容量最小的为 1 mL,最大的为 10 mL,其容量为在 20 ℃时按规定方式排空后所流出纯水的体积,单位为毫升(mL)。

移液管的正确使用方法如下:

(1)使用时,应先将移液管洗净,使其内壁及下端的外壁均不挂水珠。用滤纸片将流液口(尖嘴)内外残留的水擦掉,自然沥干。

(2)移取溶液之前,先用待量取的溶液少许荡洗 3 次。方法是:用洗净并烘干的小烧杯倒出一部分待量取的溶液,用移液管吸取溶液少许,立即用右手食指按住管口(尽量勿使溶液回流,以免稀释),将管横过来,用两手的拇指及食指分别拿住移液管的两端,转动移液管并使溶液布满全管内壁,当溶液流至距上口 2~3 cm 时,将管直立,使溶液由流液口放出,弃去。

(3)用移液管量取溶液时,以右手拇指及中指捏住管颈标线以上的地方,将移液管插入试样溶液液面下 1~2 cm,不应伸入太多,以免管尖外壁粘有溶液过多,也不应伸入太少,以免液面下降后而吸空。这时,左手拿橡皮吸球(一般用 60 mL 洗耳球)轻轻将溶液吸上,眼睛注意正在上升的液面位置,移液管应随容器内液面下降而下移,当液面上升到刻度标线以上约 1 cm 时,迅速用右手食指堵住管口,取出移液管,用滤纸条拭干移液管下端外壁,将移液管的流液口靠着洁净受液瓶的内壁,左手持瓶,并使其倾斜约 30°,稍微松开右手食指,用拇指及中指轻轻捻转管身,使液面缓缓下降,此时视线应平视标线,直到弯月面与标线相切,立即按紧食指,使液体不再流出,并使出口尖端接触容器外壁,以除去尖端外残留溶液。

(4)将移液管移入准备接受溶液的容器中,使其出口尖端接触器壁,使容器微倾斜,而使移液管直立,然后放松右手食指,使溶液自由地顺壁流下,待溶液停止流出后,一般等待15 s 拿出。

(5)注意此时移液管尖端仍残留有一滴液体,不可吹出。因为在校正移液管时,已考虑了所保留的溶液体积,并未将这部分液体体积计算在内。除非器具上标明"吹"或"Blow out"字样,否则绝对不允许用其他方法排出。

移液管的使用见图3-10。

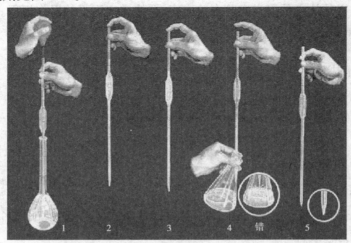

图 3-10　移液管的使用

(二) 吸量管

吸量管的全称是"分度吸量管",它是带有分度的量出式玻璃器皿,用于取用非固定体积的溶液。

吸量管的使用方法与移液管大致相同,这里只强调几点:

(1)标称容量在 1 mL 及其以上容量的吸量管,由于其容量允差数值较同容量的移液管为大,所以在吸取超过 1 mL 固定体积的溶液时,应尽可能使用移液管。

(2)在吸量管排放溶液至接受容器的过程中,与移液管使用情况类似也遵循一定的等待时间,通常器具上标有"＋××"符号,一般为 3 s 等待时间。

(3)吸量管标称容量最小的为 0.1 mL,最大的为 50 mL,应根据所做实验的具体情况合理选用吸量管。若对取用溶液的容量允差数值要求不是太严或无适合容量的移液管可供选用,亦可用标称容量相近的吸量管来吸取或放出所需体积的溶液;若对取用溶液的体积要求不严,甚至可用量筒、量杯量取。

移液管和吸量管"吹"与"不吹"如下:

移液管、吸量管一般标有"快"、"A"、"B"、"吹"四种符号。

写"快"或"B"的表示:看到液体放完,再等 3 s,转移的液体量就达到标明的液体体积了。

写"A"的表示:这种管子一般都很贵,精确度高,等看到液体转移放完之后,需要再等待

15 s才能让移液管离开容器壁。

写"吹"的表示:等放液结束,需要用洗耳球把移液管尖端残存的液柱吹到容器里,才算达到目标体积。这段液柱一般可达0.1~0.3 mL,还是很大的一个量,不能不注意,不然体积误差就太大了。

"A"管甚少有带"吹"的,带"吹"的一般都是"B"或"快"的管子。

(三)移液枪

在进行分析测试方面的研究时,一般采用移液枪量取少量或微量的液体。对于移液枪的正确使用方法及其一些细节操作介绍如下。

1. 量程的调节

在调节量程时,如果要从大体积调为小体积,则按照正常的调节方法,逆时针旋转旋钮即可;但如果要从小体积调为大体积,则可先顺时针旋转刻度旋钮至超过量程的刻度,再回调至设定体积,这样可以保证量取的最高精确度。在该过程中,千万不要将按钮旋出量程,否则会卡住内部机械装置而损坏移液枪。

2. 枪头(吸液嘴)的装配

在将枪头套上移液枪时,很多人会使劲地在枪头盒子上敲几下,这是错误的做法,因为这样会导致移液枪的内部配件(如弹簧)因敲击产生的瞬时撞击力而变得松散,甚至会导致刻度调节旋钮卡住。正确的方法是将移液枪(器)垂直插入枪头中,稍微用力左右微微转动即可使其紧密结合。如果是多道(如8道或12道)移液枪,则可以将移液枪的第一道对准第一个枪头,然后倾斜地插入,往前后方向摇动即可卡紧。枪头卡紧的标志是略为超过O形环,并可以看到连接部分形成清晰的密封圈。

3. 移液的方法

移液之前,要保证移液器、枪头和液体处于相同温度。吸取液体时,移液器保持竖直状态,将枪头插入液面下2~3 mm。在吸液之前,可以先吸放几次液体以润湿吸液嘴(尤其是要吸取黏稠或密度与水不同的液体时)。移液方法有以下两种:

一是前进移液法。用大拇指将按钮按下至第一停点,然后慢慢松开按钮回原点。接着将按钮按至第一停点排出液体,稍停片刻继续按按钮至第二停点吹出残余的液体。最后松开按钮。

二是反向移液法。此法一般用于转移高黏液体、生物活性液体、易起泡液体或极微量的液体,其原理就是先吸入多于设置量程的液体,转移液体的时候不用吹出残余的液体。先按下按钮至第二停点,慢慢松开按钮至原点。接着将按钮按至第一停点排出设置好量程的液体,继续保持按住按钮位于第一停点(千万别再往下按),取下有残留液体的枪头,弃之。

4. 移液器的正确放置

移液器使用完毕,可以将其竖直挂在移液枪架上,但要小心别掉下来。当移液器枪头里有液体时,切勿将移液器水平放置或倒置,以免液体倒流腐蚀活塞弹簧。

5. 维护保养时的注意事项

如不使用,要把移液枪的量程调至最大值的刻度,使弹簧处于松弛状态以保护弹簧。最好定期清洗移液枪,可以先用肥皂水或60%的异丙醇清洗,再用蒸馏水清洗,然后自然晾干。高温消毒之前,确保移液器能适应高温。校准可以在20~25 ℃环境中,通过重复几次量取蒸馏水的方法来进行。

6. 使用时要检查是否有漏液现象

检查移液枪是否有漏液现象的方法是:吸取液体后悬空垂直放置几秒,看看液面是否下降。如果漏液,原因大致有以下几方面:

(1)枪头不匹配;

(2)弹簧活塞不是正常状态;

(3)如果是易挥发的液体(许多有机溶剂都如此),则可能是饱和蒸汽压的问题,可以先吸放几次液体,然后再移液。

二、容量瓶

容量瓶的全称是单标线容量瓶,它是一细颈梨形平底玻璃器皿,分无色、棕色材质,带有磨口玻璃塞或塑料封盖,颈上刻有一标线,带有"In"字样,是用于准确容纳一定体积溶液的量入式玻璃器具。容量瓶标称容量最小的为 1 mL,最大的为 2 000 mL,化学分析实验常用 100 mL、200 mL、250 mL 的容量瓶,仪器分析实验多用 100 mL 及以下规格的容量瓶,其容量是指在 20 ℃时,纯水充满至标线所容纳的体积。

容量瓶的主要用途是配制一定浓度的溶液或定量地稀释溶液。使用容量瓶时,应注意以下几点:

(1)检查磨口(封盖)是否漏液。

加水至标线,盖上瓶塞,颠倒 10 次以后(每次颠倒过程中要停留在倒置状态 10 s),不应有水渗出(可用滤纸检验)。将瓶塞旋转 180°再行检查,合格后用皮筋或塑料绳等将瓶塞和瓶颈上端拴在一起,以防摔碎或与其他瓶塞搞混影响其密合性。

(2)容量瓶洗涤。

可先用铬酸洗液清洗容量瓶内壁,然后用自来水和纯水洗净,干燥、备用。某些仪器分析实验,还要用到其他洗液或溶剂洗涤。

(3)注意盛液温度。

由于容量瓶的标称容量是在 20 ℃下校准的,因此在进行定容操作过程中,若遇到待配制或稀释物质的溶液温度较高,应将其冷却到室温后,再定量转移到容量瓶中,以避免因瓶体膨胀而导致溶液浓度的变化。

(4)用固体物质配制溶液。

先准确称取固体物质置于小烧杯中溶解,再将溶液定量转移至容量瓶中。转移时,要使玻璃棒的下端靠近瓶颈内壁,使溶液沿玻璃棒及瓶颈内壁流下。注意玻璃棒不要与容量瓶瓶嘴接触,否则溶液会流出容量瓶。溶液全部流完后,烧杯不要直接离开玻璃棒,而应在烧杯扶正的同时使杯嘴沿玻璃棒上提 1 ~ 2 cm,随后烧杯再离开玻璃棒,这样可避免杯嘴与玻璃棒之间的一滴溶液流到烧杯外面。然后再用少量水(或其他溶剂)涮洗烧杯 3 ~ 4 次,每次用洗瓶或滴管冲洗杯壁和玻璃棒,按同样的方法移入容量瓶中。当溶液达 2/3 容量时,应将溶液沿水平方向轻轻摆动几周以使溶液初步混匀。再加水至标线以下约 1 cm,等待 1 ~ 2 min,最后用滴管从标线以上 1 cm 以内的一点沿颈壁缓缓加水、沥下,调定弯液面的下缘最低点与标线上缘水平相切。

加至标线后,随即盖紧瓶塞,左手捏住瓶颈上端,食指压住瓶塞,右手三指托住瓶底,将容量瓶颠倒 15 次以上,每次颠倒时都应使瓶内气泡升到顶部,倒置时应水平摇动几周,如此重复操作,可使瓶内溶液充分混匀。100 mL 以下的容量瓶,可不用右手托瓶,一只手抓住瓶颈及瓶塞进行颠倒和摇匀即可。

（5）用浓溶液配制溶液。

用移液管或吸量管吸取一定体积的浓溶液移入容量瓶中,按上述方法稀释至标线,摇匀。

容量瓶的检漏、转移、混匀如图 3-11 所示。

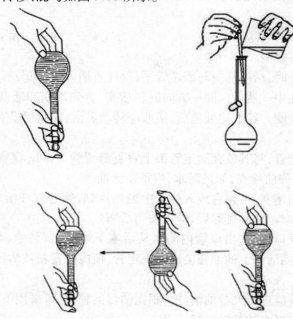

图 3-11　容量瓶的检漏、转移、混匀

三、滴定管的使用方法

滴定管是滴定时用来准确量度流出液体体积的量具。滴定管可分为酸式滴定管和碱式滴定管。酸式滴定管的下端有一玻璃活塞,不能盛放碱性溶液或易与玻璃反应的溶液,可装入酸性或氧化性滴定液;碱式滴定管的下端连接一橡皮管,不能存放酸性或具有氧化性的溶液,以免橡皮管与溶液起反应。

（一）酸式滴定管

1. 酸式滴定管的准备

（1）酸式滴定管使用前应检查活塞转动是否灵活,是否有漏水现象。

酸式滴定管检漏方法:关闭活塞,装入溶液（蒸馏水）至一定刻度线,直立滴定管数分钟（约 2 min）,仔细观察刻度线上的液面是否下降,滴定管下端有无水滴滴下,以及活塞缝隙中有无水渗出,然后将活塞转动 180°等待 2 min 后再观察,如有漏水现象或有漏液滴出现,说明漏液,应涂油,并重新检查。

（2）涂凡士林。

为了使活塞转动灵活并克服漏水现象,需在活塞上涂凡士林油。操作方法如下:

①取下活塞小头处的小橡皮圈,再取出活塞。

②用吸水纸将活塞和活塞套擦干,并注意勿使滴定管内壁的水再次进入活塞套(将滴定管平放在实验台面上)。

③用手指将凡士林涂抹在活塞的两头或用手指把油脂涂在活塞的大头和活塞套小口的内侧。油脂涂得要适当。涂得太少,活塞转动不灵活,且易漏水;涂得太多,活塞孔容易被堵塞。油脂绝对不能涂在活塞孔的上下两侧,以免旋转时堵住活塞孔。

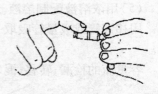

图 3-12　涂凡士林

涂凡士林如图 3-12 所示。

④将活塞插入活塞套中。

将活塞插入活塞套时,活塞孔应与滴定管平行,径直插入活塞套,不要转动活塞,这样可避免将油脂挤到活塞孔中。然后向同一方向旋转活塞,直到活塞和活塞套上的油脂层全部透明为止。套上小橡皮圈。经上述处理后,活塞应转动灵活,油脂层没有纹络。

(3)再次检漏。

用自来水充满滴定管,将其放在滴定管架上垂直静置约 2 min,观察有无水滴漏下。然后将活塞旋转 180°,再如前检查,如果漏水,应重新涂油。

若出口管尖被油脂堵塞,可将它放入热水中温热片刻,然后打开活塞,使管内的水突然流下,将软化的油脂冲出。油脂排除后,即可关闭活塞。

管内的自来水从管口倒出,出口管内的水从活塞下端放出(注意,从管口将水倒出时,务必不要打开活塞,否则活塞上的油脂会冲入滴定管,使内壁重新被沾污)。

(4)洗涤。

酸式滴定管使用前应进行充分的清洗。根据沾污的程度,可采用下列方法:

①一般洗涤可用自来水冲洗。

②对沾有油污等较脏的,用滴定管刷(特制的软毛刷)蘸合成洗涤剂刷洗,但铁丝部分不得碰到管壁(如用泡沫塑料刷代替毛刷更好)。

③用前法不能洗净时,可用铬酸洗液洗。为此,加入 5~10 mL 铬酸洗液,边转动边将滴定管放平,并将滴定管口对着洗液瓶口,以防洗液洒出。洗净后,将一部分洗液从管口放回原瓶,最后打开活塞将剩余的洗液从出口管放回原瓶,必要时可加满洗液进行浸泡。

④可根据具体情况采用针对性洗液进行洗涤,如管内壁残存的二氧化锰,可用草酸、亚铁盐溶液或过氧化氢加酸溶液进行洗涤。

⑤用各种洗涤剂清洗后,都必须用自来水充分洗净,并将管外壁擦干,以便观察内壁是否挂水珠。

⑥滴定管洗干净后,用蒸馏水洗三次。

第一次用 10 mL 左右,第二及第三次各用 5 mL 左右。洗时,双手拿滴定管身两端无刻度处,边转动边倾斜滴定管,使水布满全管并轻轻振荡。然后直立,打开活塞将水放掉,同时冲洗出口管。也可将大部分水从管口倒出,再将余下的水从出口管放出。每次放掉水时,应尽量不使水残留在管内。最后,将管的外壁擦干。

(5)装溶液。

装入操作溶液前,应将试剂瓶中的溶液摇匀,使凝结在瓶内壁上的水珠混入溶液,这在天气比较热、室温变化较大时更为必要。混匀后,将操作溶液直接倒入滴定管中,不得用其他容器(如烧杯、漏斗等)来转移。此时,左手前三指持滴定管上部无刻度处,并可稍微倾斜,右手拿住细口瓶往滴定管中倒溶液。小瓶可以手握瓶身(瓶签向手心),大瓶则仍放在桌上,手拿瓶颈使瓶慢慢倾斜,让溶液慢慢沿滴定管内壁流下。

用摇匀的操作溶液将滴定管洗三次(第一次 10 mL 左右,大部分可由上口放出,第二、第三次各 5 mL 左右,可以从出口放出,洗法同前)。应特别注意的是,一定要使操作溶液洗遍全部内壁,并使溶液接触管壁 1~2 min,以便与原来残留的溶液混合均匀。每次都要打开活塞冲洗出口管,并尽量放出残流液。最后,将操作溶液倒入,直到充满至零刻度以上为止。

注意检查滴定管的出口管是否充满溶液,酸式滴定管出口管及活塞透明,容易看出(有时活塞孔暗藏着的气泡,需要从出口管快速放出溶液时才能看见)。

(6)排气。

若酸式滴定管中有气泡存在,应用右手拿住滴定管上部无刻度处,并使滴定管倾斜约30°,左手迅速打开活塞使溶液冲出(下面用烧杯承接溶液,或到水池边使溶液放到水池中),这时出口管中应不再留有气泡。若气泡仍未能排出,可重复上述操作。如仍不能使溶液充满,可能是出口管未洗净,必须重洗。

2. 酸式滴定管的操作方法

进行滴定时,应将滴定管垂直地夹在滴定管架上。使用酸式滴定管时,左手无名指和小手指向手心弯曲,轻轻地贴着出口管,用其余三指控制活塞的转动(见图3-13)。但应注意不要向外拉活塞,以免推出活塞造成漏水;也不要过分往里扣,以免造成活塞转动困难,不能操作自如。

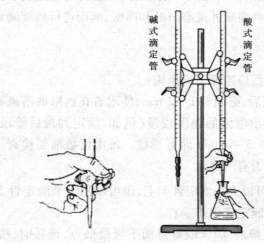

图 3-13　酸式滴定管的操作方法

无论使用哪种滴定管,都必须掌握三种加液方法:①逐滴连续滴加;②只加一滴;③使液滴悬而未落,即加半滴。

3. 滴定方法

滴定操作一般在锥形瓶内进行,有时也用烧杯或碘量瓶等进行滴定操作。

在锥形瓶中进行滴定操作时,应将滴定管下端伸入瓶口内约 1 cm,瓶底距离瓷板 2~3 cm。左手按前面提到的方法操作滴定管,右手前三指拿住瓶颈。双手协调进行滴定操作,

边摇动瓶体边滴加滴定溶液。滴定过程中,还应注意以下几点:

(1)每次滴定应从零刻度线开始,以减小滴定误差。

(2)摇瓶时,转动腕关节,使溶液沿同一方向旋转,瓶口不要接触滴定管出口尖嘴,勿使瓶内溶液溅出。

(3)滴定时,左手不能离开活塞任其自流而形成"水线"。滴定溶液应逐滴滴加,滴定速度控制以 6~8 mL/min 为宜。

(4)眼睛应密切注意观察溶液颜色的变化,而不要注视滴定管的液面。

(5)接近终点时,应每加 1 滴,摇几下,直至加半滴使溶液出现明显的颜色变化。

(6)用酸式滴定管滴加半滴溶液时,应先将半滴溶液悬挂在滴定管的出口尖嘴上,以瓶口内壁接触液滴,再用少量水冲洗瓶壁。

(7)滴定结束后,弃去管内剩余的滴定剂,随即洗净滴定管,并用水充满滴定管,以备下次再用。

若在烧杯中进行滴定操作,烧杯应放在白瓷板上,将滴定管出口尖嘴伸入烧杯约 1 cm。滴定管应放在左后方(不要靠上杯壁),右手持玻璃棒搅动溶液。加半滴溶液时,用玻璃棒末端承接悬挂的液滴(不要接触管尖),放入溶液中搅拌。

碘量法、溴量法等需在碘量瓶中进行反应或滴定,以防止瓶内反应生成的物质(如 I_2、Br_2)逸出。

碘量瓶(见图3-14)是一带有磨口玻璃塞和环形水封槽的锥形瓶,喇叭型瓶口与瓶塞柄之间加水后可形成一圈水封,待瓶内反应完成后打开瓶塞,水封之水即可流下并兼顾冲洗磨口处和内壁,继而进行后续滴定操作。

图 3-14　碘量瓶

4. 滴定管的读数

对滴定管进行读数时,应遵循下列原则:

(1)装满或放出溶液后,必须等 1~2 min,使附着在内壁的溶液流下来,再进行读数。如果放出溶液的速度较慢(例如,滴定到最后阶段,每次只加半滴溶液时),等 0.5~1 min 即可读数。每次读数前要检查一下管壁是否挂水珠,管尖是否有气泡。

(2)读数时,滴定管可以夹在滴定管架上,也可以用手拿滴定管上部无刻度处。不管用哪一种方法读数,均应使滴定管保持垂直。

(3)对于无色或浅色溶液,应读取弯月面下缘最低点,读数时,视线在弯月面下缘最低点处,且与液面成水平(见图3-15);溶液颜色太深时,可读液面两侧的最高点。此时,视线应与该点成水平。注意初读数与终读数采用同一标准。

(4)必须读到小数点后第二位,即要求估计到 0.01 mL。

注意:估计读数时,应该考虑到刻度线本身的宽度。

(5)为了便于读数,可在滴定管后衬一黑白两色的读数卡。读数时,将读数卡衬在滴定管背后,使黑色部分在弯月面下约 1 mm,弯月面的反射层即全部成为黑色(见图3-16)。读此黑色弯月下缘的最低点。但对深色溶液而需读两侧最高点时,可以用白色卡为背景。

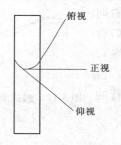

图 3-15　滴定管的读数

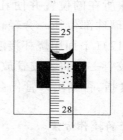

图 3-16　读数卡使用

（6）若为乳白板蓝线衬背滴定管，应当取蓝线上下两尖端相对点的位置读数（液面呈现三角交叉点，读取交叉点与刻度相切之处的读数）。

（7）读取初读数前，应将管尖悬挂着的溶液除去。滴定至终点时应立即关闭活塞，并注意不要使滴定管中的溶液有稍许流出，否则终读数便包括流出的半滴液。因此，在读取终读数前，应注意检查出口管尖是否悬挂溶液，如有，则此次读数不能取用。

（二）碱式滴定管

1. 碱式滴定管的准备

使用前应检查乳胶管和玻璃珠是否完好。若乳胶管已老化，玻璃珠过大（不易操作）或过小（漏水），应予以更换。

碱式滴定管的洗涤方法和酸式滴定管相同。在需要用洗液洗涤时，可除去乳胶管，用塑料乳头堵住碱式滴定管下口进行洗涤。如必须用洗液浸泡，则将碱式滴定管倒夹在滴定管架上，管口插入洗液瓶中，乳胶管处连接抽气泵，用手捏玻璃珠处的乳胶管，吸取洗液，直到充满全管但不接触乳胶管，然后放开手，任其浸泡。浸泡完毕，轻轻捏乳胶管，将洗液缓慢放出。

在用自来水冲洗或用蒸馏水清洗碱式滴定管时，应特别注意玻璃珠下方死角处的清洗。为此，在捏乳胶管时应不断改变方位，使玻璃珠的四周都洗到。

2. 操作溶液的装入

装入操作溶液前，应将试剂瓶中的溶液摇匀，使凝结在瓶内壁上的水珠混入溶液，这在天气比较热、室温变化较大时更为必要。混匀后，将操作溶液直接倒入滴定管中，不得用其他容器（如烧杯、漏斗等）来转移。此时，左手前三指持滴定管上部无刻度处，并可稍微倾斜，右手拿住细口瓶往滴定管中倒溶液。小瓶可以手握瓶身（瓶签向手心），大瓶则仍放在桌上，手拿瓶颈使瓶慢慢倾斜，让溶液慢慢沿滴定管内壁流下。

用摇匀的操作溶液将滴定管洗三次（第一次 10 mL 左右，大部分可由上口放出，第二、第三次各 5 mL 左右，可以从出口放出，洗法同前）。应特别注意的是，一定要使操作溶液洗遍全部内壁，并使溶液接触管壁 1~2 min，以便与原来残留的溶液混合均匀。对于碱式滴定管，仍应注意玻璃珠下方的洗涤。最后，将操作溶液倒入，直到充满至零刻度线以上为止。

注意检查滴定管的出口管是否充满溶液，碱式滴定管需对光检查乳胶管内及出口管内是否有气泡或有未充满的地方。

3. 排气

在使用碱式滴定管时，装满溶液后，右手拿滴定管上部无刻度处稍倾斜，左手拇指和食指拿住玻璃珠所在的位置并使乳胶管向上弯曲,出口管斜向上,然后在玻璃珠部位往一旁轻轻捏乳胶管,使溶液从出口管喷出(见图3-17)(下面用烧杯接溶液,同酸式滴定管排气泡),再一边捏乳胶管一边将乳胶管放直,注意当乳胶管放直后,再松开拇指和食指,否则出口管仍会有气泡。最后,将滴定管的外壁擦干。

图3-17 碱式滴定管的排气

4. 滴定管的操作方法

进行滴定时,应将滴定管垂直地夹在滴定管架上。使用碱式滴定管时,左手无名指及中指(或小指)夹住出口管,拇指与食指在玻璃珠所在部位往一旁(左右均可)捏乳胶管,使溶液从玻璃珠旁空隙处流出(见图3-18)。

图3-18 碱式滴定管的操作

注意:(1)不要用力捏玻璃珠,也不能使玻璃珠上下移动;

(2)不要捏到玻璃珠下部的乳胶管;

(3)停止滴定时,应先松开拇指和食指,最后再松开无名指和中指(或小指)。

5. 滴定方法

滴定方法与酸式滴定管大致相同,不同之处在于:用碱式滴定管加半滴溶液时,应放开食指与拇指,使悬挂的液滴靠入瓶口内壁,再放开无名指与中指(或小指),然后用少量水冲洗瓶壁。

6. 读数

读数方法与酸式滴定管相同。

酸碱中和滴定的操作步骤和注意事项口诀:

酸管碱管莫混用,视线刻度要齐平。

尖嘴充液无气泡,液面不要高于零。

莫忘添加指示剂,开始读数要记清。

左手轻轻旋开关,右手摇动锥形瓶。

眼睛紧盯待测液,颜色一变立即停。

数据记录要及时,重复滴定求平均。

误差判断看 V(标),规范操作靠多练。

四、实验实训——滴定分析操作练习

(一)实验目的

(1)练习滴定分析仪器的洗涤方法。

（2）掌握滴定管、移液管及容量瓶的操作方法。

（3）初步掌握滴定操作及滴定终点的观察。

（二）实验原理

滴定分析法是将一种已知准确浓度的标准溶液滴加到被测试样的溶液中,或将待标溶液滴加到已知准确浓度的溶液中,直至反应完全为止,然后根据标准溶液的浓度和消耗的体积求得被测试样中组分含量的一种分析方法。

准确测量溶液的体积是获得良好分析结果的重要前提之一,为此必须学会正确使用滴定分析仪器,掌握滴定管、移液管和容量瓶的操作技术。

本次实验是按照滴定分析仪器的使用操作规程,进行滴定操作和移液管、容量瓶的使用练习。

（三）仪器与试剂

1. 仪器

天平、酸式滴定管、碱式滴定管、锥形瓶、移液管、吸量管、量筒、试剂瓶、洗耳球。

2. 试剂

氢氧化钠溶液(0.1 mol/L)、盐酸溶液(0.1 mol/L)、酚酞指示剂(0.1%)、甲基橙指示剂(0.1%)。

（四）实验内容

1. 碱式滴定管的使用练习

向锥形瓶中加入20.00 mL 0.1 mol/L盐酸溶液,加两滴酚酞指示剂,用氢氧化钠溶液滴定,近终点时,用洗瓶冲洗锥形瓶的内壁,使沾在壁上的溶液都流入溶液中,充分反应。滴定至溶液由无色变为淡红色,且在30 s内不消失即为终点。过1~2 min后,记录消耗氢氧化钠溶液的体积,平行滴定3次。

2. 酸式滴定管的使用练习

用移液管准确吸取25.00 mL 0.1 mol/L氢氧化钠溶液,置于锥形瓶中,加两滴甲基橙指示剂,溶液呈黄色,用盐酸溶液滴定至溶液由黄色变为橙色为终点。记录消耗盐酸体积,平行滴定3次。

（五）实验结果

将实验结果填入表3-3、表3-4中。

表3-3　用氢氧化钠滴定盐酸溶液

项目	滴定序号		
	1	2	3
NaOH 初读数(mL)			
NaOH 终读数(mL)			
V_{NaOH}(mL)			
$\bar{V}_{NaOH}$(mL)			

表 3-4　用盐酸滴定氢氧化钠溶液

项目	滴定序号		
	1	2	3
HCl 初读数（mL）			
HCl 终读数（mL）			
V_{HCl}（mL）			
$\overline{V}_{HCl}$（mL）			

（六）思考题

（1）玻璃仪器洗净的标志是什么？

（2）滴定管和移液管使用前应如何处理？为什么？

（3）用移液管移取液体时，遗留在管尖内的少量溶液应如何处理？为什么？

五、微量滴定管

微量滴定管的使用跟常量滴定管的差别不大，但须注意以下几点：

（1）洗涤。

不用去污粉，不可在铬酸洗液中久泡，准备一根细长的刻度移液管刷刷洗刻度处。

（2）涂油和试漏。

两个玻璃旋塞都要涂好凡士林，必须试漏，不然容易测不准。

（3）润洗。

注液杯、支管、刻度管和出液尖嘴都要润洗两遍以上。

（4）装液。

装液有技巧。由于支管拐弯处易藏气泡，一般待滴定液放满刻度管后打开支管旋塞用洗耳球将溶液中气泡刚好吹入储液杯中即可。

（5）滴定。

正常使用，注意爱护。

（6）保存。

微量滴定管中溶液加盖可保存 24 h，浓度不变。不用时洗净夹于铁架台上倒扣，长期不用时收入柜中。

■ 第六节　固液分离

在无机化合物的制备、混合物的分离、离子的分离和鉴定等操作中，常常需要进行固体和液体分离的操作，固液分离常用的方法有以下 3 种。

一、倾析法

当沉淀结晶的颗粒较大或密度较大，静置后能很快沉降至容器底部时，可将沉淀物上部的澄清液缓慢倾入另一容器中，即能达到分离的目的，这种方法叫倾析法。

二、过滤法

过滤是分离沉淀常用的方法之一,可分为常压过滤、减压过滤和热过滤 3 种。

(一)常压过滤

常压过滤法最为简便和常用。滤器为贴有滤纸的漏斗。先把滤纸沿直径对折、压平,然后再对折。将滤纸打开成圆锥状(一边三层,一边一层),从三层滤纸一边剪去外面两层的一小角,把滤纸的尖端向下,放入漏斗中,三层的一边应对应漏斗出口短的一边,使滤纸边缘比漏斗口低 0.5 ~ 1 cm。用少量水润湿滤纸,使它与漏斗壁贴在一起,中间不能留气泡,否则将会影响过滤速度。滤纸的折叠见图 3-19。

把过滤器放在漏斗架上,调整高度,把漏斗下端的口紧靠烧杯的内壁,将玻璃棒下端与三层处的滤纸轻轻接触,让要过滤的液体从烧杯嘴沿着玻璃棒慢慢流入漏斗,滤液的液面应保持在滤纸边缘以下。若滤液浑浊,应再过滤一次。过滤操作见图 3-20。

图 3-19　滤纸的折叠　　　　　　　　图 3-20　过滤操作

(二)减压过滤(抽滤)

减压过滤可以加速过滤,也可把沉淀抽吸得比较干燥;但不适用于胶状沉淀和颗粒细小的沉淀的过滤,这是因为此类沉淀可能透过滤纸或造成滤纸堵塞。

减压过滤装置由布氏漏斗、吸滤瓶、安全瓶和抽气泵组成。其原理是利用水泵(或油泵)将吸滤瓶中的空气抽出,使其减压,造成布氏漏斗内的液面与吸滤瓶之间形成压力差,从而提高过滤速度。为了防止倒吸,需要在水泵(或油泵)和吸滤瓶之间安装一个安全瓶,并且在过滤完毕时,应先拔掉吸滤瓶上的橡皮管,然后关水泵(或油泵)。

过滤前,先将滤纸剪成直径略小于布氏漏斗内径的圆形,平铺在漏斗上,恰好盖住漏斗的全部小孔,用少量水润湿滤纸,慢慢抽滤,使滤纸紧贴在漏斗瓷板上,用倾析法先将上部澄清液沿着玻璃棒注入漏斗中,最后将晶体或沉淀转入漏斗中,抽滤至无液体流下为止。

减压过滤装置如图 3-21 所示。

(三)热过滤

如果溶质在温度降低时易析出晶体,实验时又不希望它在过滤时留在滤纸上,就要采用热过滤。热过滤通常把玻璃漏斗放在铜制的且装有热水的漏斗内,以维持一定的温度,其余操作与常压过滤一样。

三、离心分离法

当被分离的沉淀很少,不能采用滤纸分离时,可以应用离心分离法。离心分离法所用的

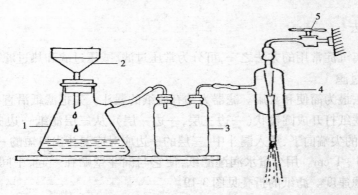

1—吸滤瓶;2—布氏漏斗;3—安全瓶;4—抽气泵;5—自来水龙头

图 3-21　减压过滤装置

仪器是电动离心机。

　　使用时将待分离的溶液放在离心试管中,再把离心试管装入离心机的套管中,位置要对称,重量要平衡。若仅离心一个样品,则在其对面的位置应放一个盛有等体积水的离心试管,否则重量不均衡会引起震动,造成机轴磨损。

　　开启离心机时,应先低速,逐渐加速,根据沉淀的性质决定转速和离心的时间。关机后,应让离心机自然减速,决不可用手强制其停止转动。

■ 第七节　溶液的配制

一、溶液浓度的表示方法

　　根据国际单位制(SI),各学科都有自己常用的物理量及其单位。分析化学中常用物理量及单位见表3-5。

表 3-5　分析化学中常用物理量及单位

量的名称	量的符号	单位名称	单位符号	代用单位
物质的量	n_B	摩[尔]	mol	mmol
质量	m	千克	kg	g,mg,μg
体积	V	立方米	m^3	L,mL
摩尔质量	M_B	千克每摩[尔]	kg/mol	g/mol
摩尔体积	V_m	立方米每摩[尔]	m^3/mol	L/mol
密度	ρ	千克每立方米	kg/m^3	$g/mL,g/m^3$
相对原子质量	A_r	—	1	—
相对分子质量	M_r	—	1	—
物质的量浓度	c_B	摩每立方米	mol/m^3	mol/L
质量分数	ω_B	—	—	—
质量浓度	ρ_B	千克每立方米	kg/m^3	g/L,g/mL
体积分数	φ_B	—	—	—
滴定度	V_m	克每毫升	g/mL	

在分析工作中,随时都要使用不同浓度的溶液。以上述物理量为基础,溶液浓度的表示方法大致有以下几种。

(一)物质的量浓度

单位体积溶液中所含溶质 B 的物质的量,称为 B 的物质的量浓度(简称浓度),以符号 $c(B)$ 或 c_B 表示,有时在化学反应式或计算公式中也用[B]表示,常用单位为 mol/L。计算公式为

$$B \text{ 的物质的量浓度} = B \text{ 的物质的量/混合物(溶液)的体积}$$
$$c_B = n_B/V$$

式中　　c_B——物质 B 的物质的量浓度,mol/L;

n_B——物质 B 的物质的量,mol,$n_B = m_B/M_B$;

V——混合物(溶液)的体积,L。

例如:$c(NaOH) = 0.1$ mol/L,表示 1 L 溶液中所含 NaOH 的物质的量 $n_{NaOH} = 0.1$ mol,即 1 L 溶液中含有 NaOH 的质量为 4 g。

(二)质量分数

单位质量溶液中所含溶质 B 的质量,或混合物中某一组分 B 的质量与各组分总质量之比,以符号 ω_B 表示,量纲为 1,过去曾用 m/m 表示。计算公式为

$$B \text{ 的质量分数} = B \text{ 的质量/混合物的质量}$$

例如:$\omega_{HNO_3} = 70\%$,表示 100 g 的硝酸溶液中含有 HNO_3 的质量为 70 g,其余的是水。市售的酸、碱以及物料中组分含量的测定等常用这种表示方法。当混合物中 B 物质的含量很低(如土壤中的 Hg^{2+} 含量为 0.000 5%),可用 5 μg/g 表示,再减少到 1/1 000,还可用 5 ng/g 表示。

(三)质量浓度

单位体积溶液中所含溶质 B 的质量,以符号 ρ_B 表示,过去曾用 m/V 表示,常用单位为 g/L。计算公式为

$$B \text{ 的质量浓度} = B \text{ 的质量/混合物(溶液)的体积}$$
$$\rho_B = m_B/V$$

式中　　ρ_B——物质 B 的质量浓度,g/L;

m_B——物质 B 的质量,g;

V——混合物(溶液)的体积,L。

例如:$\rho_{NaOH} = 40$ g/L,表示 1 L 溶液中含有 NaOH 的质量为 40 g,其余的是水。质量浓度也可用 mg/L、μg/L、ng/L 等单位来表示低含量的物质。

在指示剂的配制过程中,过去常用的质量体积百分浓度,现须用质量浓度代替。例如:质量体积百分浓度为 0.1% 的甲基橙指示液的配制,可称取 0.1 g 甲基橙,溶于 70 ℃ 水中,冷却,稀释至 100 mL 而成;用质量浓度表示就是 1 g/L。

(四)体积分数

单位体积溶液中所含溶质 B 的体积,或混合物中某一组分 B 的体积与各组分总体积之比,以符号 φ_B 表示,过去曾用 V/V 表示,量纲为 1。计算公式为

$$B \text{ 的体积分数} = \text{混合前} B \text{ 的体积/混合物的体积}$$

例如:$\varphi_{CH_3CH_2OH} = 70\%$,表示 100 mL 的乙醇溶液中含有 CH_3CH_2OH 的体积为 70 mL,其

余的是水。体积分数也可用 μL/mL 等来表示低含量的物质。

（五）比例浓度

（1）体积比浓度——液体试剂相互混合的表示方法。

为了便于配制普通溶液，有时混合物中某组分的含量还可用体积比浓度，以 A：B 或 A + B 表示。例如：(1 + 5)或 1：5 HCl 溶液，是指 1 体积市售浓盐酸与 5 体积蒸馏水混合而制备的溶液。

（2）质量比浓度——两种固体试剂相互混合的表示方法。

例如：(1 + 100)钙指示剂 - 氯化钠混合试剂，是指 1 单位质量的钙指示剂与 100 个单位质量的氯化钠相互混合。

（六）滴定度

在工业分析中，为了方便测定大批物料中某一组分（成分或元素）的含量，经常要用到滴定度这一概念。滴定度是指 1 mL 标准溶液 A（滴定剂）相当于被测组分 B 的质量，以 $T_{B/A}$ 表示，单位为 g/mL。

$$T_{B/A} = m_B/V_A$$

式中　　$T_{B/A}$——1 mL 标准溶液相当于被测物的质量，g/mL；

　　　　m_B——被测物的质量；

　　　　V_A——标准滴定溶液的体积。

例如：用 $K_2Cr_2O_7$ 容量法测定 Fe 时，若每毫升标准溶液 $K_2Cr_2O_7$ 可滴定 0.005 000 g Fe，则此 $K_2Cr_2O_7$ 标准溶液的滴定度 $T_{Fe/K_2Cr_2O_7}$ = 0.005 000 g/mL，读作"每毫升 $K_2Cr_2O_7$ 标准溶液相当于 0.005 000 g Fe"。若测定试样时消耗此标准溶液 22.00 mL，则试样中 Fe 的质量为 0.110 0 g。

在实际生产中，有时为了进一步简化计算结果，常固定试样的称取量，而将滴定度直接表示为 1 mL 滴定剂（标准溶液）相当于被测组分在试样中的质量分数。仍以上述 $K_2Cr_2O_7$ 滴定 Fe，$T_{Fe/K_2Cr_2O_7}$ = 0.005 000 g/mL 且消耗此标准溶液 22.00 mL 为例：假设每次测定时都准确称取试样的质量为 0.277 8 g，则滴定度还可表示为 $T_{Fe/K_2Cr_2O_7}$ = 39.60%/mL。

在化学分析与仪器分析实验中，随时都要用到各种溶液，根据实验需要与准确度要求，其浓度表示方法和有效数字可以是不同的。常用的试剂、沉淀剂、指示剂、掩蔽剂、缓冲溶液等，通常可只保留 1 ~ 2 位有效数字，如 2 mol/L 盐酸溶液、10% 氢氧化钠溶液等；而滴定分析中用的标准滴定溶液浓度值，则需要准确到四位有效数字。

二、实训——溶液的配制

（一）实验目的

（1）熟悉溶液浓度的计算，并掌握一定浓度溶液的配制方法和基本操作。

（2）学习台秤、量筒、吸管和容量瓶的使用方法。

（3）学会取用固体试剂及倾倒液体试剂的方法。

（二）实验原理

在配制溶液时，根据所配制溶液的浓度和体积来计算所需溶质的质量。溶质如果是不含结晶水的纯物质，则计算比较简单；如果是含有结晶水的纯物质，计算时一定要把结晶水计算在内。

1. 质量浓度溶液的配制

溶液的质量浓度是指 1 L 溶液中所含溶质的质量。在配制此种溶液时,如需要配制溶液的体积和质量浓度已知,就可计算出所需溶质的质量。然后用台秤称出所需固体试剂的质量,再将溶质溶解并加水至需要的体积。如用已知质量的溶质配制一定质量浓度的溶液,则需计算出所配溶液的体积,然后按上述方法配制溶液(注意放热反应所需量器范围)。将配成溶液倒入试剂瓶里,贴上标签,备用。

2. 物质的量浓度溶液的配制

溶液的物质的量浓度是指 1 L 溶液中所含溶质的物质的量。在配制此种溶液时,首先要根据所需浓度和配制总体积,正确计算出溶质的物质的量(包括结晶水),再通过摩尔质量计算出所需溶质的质量。整个过程可分粗略配制和准确配制两种。

3. 溶液的稀释

在溶液稀释时需要掌握的一个原则是:稀释前后溶液中溶质的量不变。根据浓溶液的浓度和体积与所要配制的稀溶液的浓度和体积,利用稀释公式 $c_1 V_1 = c_2 V_2$ 或十字交叉法,计算出浓溶液所需要量并量出,然后加水稀释至一定体积。

(三)仪器与试剂

1. 仪器

台秤、量筒(100 mL)、烧杯(100 mL)、容量瓶、吸量管、玻璃棒、细口试剂瓶(125 mL)、药匙、毛刷。

2. 试剂

浓盐酸、氢氧化钠、氯化钠、95% 酒精。

(四)实验内容

1. 80 mL 9 g/L NaCl 溶液的配制

计算出制备该溶液配制 80 mL 所需氯化钠的质量,并用台秤称出。将称得的氯化钠放于 100 mL 烧杯内,用少量水将其溶解,溶解液倒入 100 mL 量筒中。再将烧杯用少量蒸馏水冲洗,冲洗液也一并倒入 100 mL 量筒中,然后加水至 80 mL,搅匀即得。经教师检查后,将此溶液倒入实验室统一的回收瓶中。

2. 100 mL 0.1 mol/L NaOH 溶液的配制

计算配制 0.1 mol/L NaOH 溶液 100 mL 所需固体 NaOH 的质量。取一干燥的小烧杯,用台秤称其质量后,加入固体 NaOH,迅速称出所需 NaOH 的质量。用 100 mL 水使固体 NaOH 溶解,放冷后定量再倒入具有橡皮塞的 125 mL 细口试剂瓶内保存,贴上标签,备用。

3. 100 mL 0.1 mol/L HCl 溶液的配制

计算出浓盐酸的物质的量浓度和配制 0.1 mol/L HCl 溶液 100 mL 所需浓盐酸的体积,用量筒量取所需浓盐酸,倒入盛有 50 mL 水的烧杯中,搅拌,再加水稀释至 100 mL,混合均匀。经教师检查后,将此溶液倒入实验室统一的回收瓶中。

4. 50 mL 75% 酒精的配制

准备好体积分数为 95% 的浓酒精,并计算出配制 75% 酒精溶液 50 mL 所需浓酒精的体积。用 50 mL 量筒量取所需 95% 酒精。粗配也可用量筒直接加水,再转移至 50 mL 容量瓶中,稀释至刻度,混匀。经教师检查后,将此溶液倒入实验室统一的回收瓶中。

（五）课堂练习

（1）配制 50 mL 2 mol/L NaOH 溶液。

（2）配制 50 mL 30% 酒精。

（六）思考题

（1）为什么在倾倒试剂时,瓶塞要翻放在桌上或拿在手中?

（2）用固体 NaOH 配制溶液时,为什么最初不在量筒中配制?

（3）用浓硫酸配制一定浓度的稀溶液时,应注意什么问题?

（4）用容量瓶配制溶液时,要不要先把容量瓶干燥?要不要用被稀释溶液洗三遍?为什么?

（5）称量氢氧化钠应采用什么样的称量方法?

项目四　标准滴定溶液的制备

学习目标

1. 了解基准物质应具备的条件。
2. 了解标准滴定溶液制备的方法。
3. 重点掌握氢氧化钠、盐酸、硫代硫酸钠、高锰酸钾、硝酸银和 EDTA 标准溶液配制与标定的方法。

第一节　基准物质和标准滴定溶液

在工农业生产、环境监测、商品检验和科学研究等众多领域中,经常需要使用标准物质来校正设备(仪器)、评价测定(分析)方法或给材料(溶液)赋值。因此,标准物质是测定物质组分、结构或其他有关特性量值过程中不可缺少的一种计量标准。

一、基准物质

基准物质是纯度极高的化合物或单质(如纯金属等),主要成分以外的其他杂质含量很低,主要用来直接制备标准滴定溶液或标定溶液的浓度。

作为基准物质,应具备下列条件:

(1)纯度高,一般要求在 99.9% 以上,而杂质含量应少到不致影响分析的准确度。

(2)物质的组成与化学式相符。如含结晶水,其结晶水的含量也应与化学式相符。

(3)性质稳定,在空气中不吸湿,加热干燥时不分解,不与空气中的二氧化碳、氧气等作用。

(4)具有较大的摩尔质量,以减小称量误差。

(5)试剂参加反应时,应按反应方程式定量进行而没有副反应。

作为基准物质,主要成分的含量一般在 99.9% 以上,甚至达 99.99% 以上。值得注意的是,有些超纯物质和光谱试剂的纯度虽然很高,但这只说明其中金属杂质的含量很低而已,却并不表明它的主要成分含量在 99.9% 以上。有时候因为其中含有不定组成的水分和气体杂质,以及试剂本身的组成不固定等原因,会使主要成分的含量达不到要求,也就不能用作基准物质了。因此,不得随意选择基准物质。

表 4-1 为几种常用的基准物质的干燥条件。

表 4-1　几种常用的基准物质的干燥条件

名称	化学式	使用前的干燥条件
碳酸钠	Na_2CO_3	270～300 ℃干燥 2～2.5 h
邻苯二甲酸氢钾	$C_8H_5KO_4$	110～120 ℃干燥 1～2 h
重铬酸钾	$K_2Cr_2O_7$	研细,100～110 ℃干燥 3～4 h
草酸钠	$Na_2C_2O_4$	130～140 ℃干燥 1～1.5 h
氧化锌	ZnO	800～900 ℃干燥 2～3 h
硝酸银	$AgNO_3$	在浓硫酸干燥器中干燥至恒重
氯化钠	$NaCl$	500～650 ℃干燥 40～45 min

二、标准滴定溶液的制备

标准滴定溶液是具有准确浓度的溶液,用于滴定试样中的待测组分。其制备方法有直接法和标定法两种。

(一)直接法

直接法用基准物质直接制备标准溶液。其方法是:准确称取一定质量的基准物质,溶解后定量转入容量瓶中,用水稀释至标线。根据称取基准物质的质量和容量瓶的体积,计算出该溶液的准确浓度。

(二)标定法

有些物质不具备作为基准物质的条件,不能直接用来制备标准溶液,这时可采用标定法。

标定法是指用基准物质或标准试样来校正所配标准溶液浓度的方法,其具体做法是:将某物质先配成一种近似浓度的溶液,然后用基准物质、标准试样或另用已知准确浓度的溶液来标定它的准确浓度。

例如:HCl 试剂易挥发,欲制备 0.1 mol/L HCl 标准溶液时,就不能采用直接法,而是先将 HCl 配成浓度大约为 0.1 mol/L 的稀溶液,然后准确称取一定质量的基准物质(如无水碳酸钠)对其进行标定,或者用已知准确浓度的 NaOH 标准溶液来进行标定,从而求出 HCl 溶液的准确浓度。

用基准物质进行溶液浓度标定时,可采用称量法和移液管法,为避免使用移液管法在移液时可能出现的偶然误差,现行标准实验方法中多采用称量法。

1. 称量法

准确称取 n 份基准物质,分别用待标定的溶液进行逐一滴定。根据每份基准物质的质量和消耗待标定溶液的体积,计算各自的浓度,取 n 次平行测定结果的平均值作为该标准溶液的准确浓度。

一般情况下,平行测定时,n 可取 4(移液管法同此)。

2. 移液管法

准确称取一份质量较大的基准物质,溶解后定量转移于容量瓶中定容,用移液管从母液中取 n 份试液(若用 25 mL 移液管从 250 mL 容量瓶中每次取 1/10,则可将此母液分成 10 等份),分别用待标定的溶液逐一进行滴定。根据每份试液所含基准物质的相当量和消耗待标定溶液的体积,计算各自的浓度,取 n 次平行测定结果的平均值作为该标准溶液的准确浓度。

值得注意的是,为了保证移液管分取那份溶液的准确度,必须进行容量瓶与移液管的相对校准。

以上两种方法不仅适用于标准溶液的标定,也同样适用于试样中组分的测定。

在制备标准溶液时,必须注意尽可能地减小操作中的误差,并且对基准物质的称量和滴定溶液所消耗的体积有一定的要求。一般分析天平的称量误差为 ±0.2 mg,因此基准物质称量的质量应大于 0.2 g;而滴定管的读数有 ±0.02 mL 的误差,所以消耗滴定溶液的体积应在 20 mL 以上。另外,标定标准溶液与测定试样组分时的实验条件应力求一致。

在实际工作中,特别是工厂实验室,还常采用一种称为"标准试样"的标准物质,来标定标准溶液的浓度。该"标准试样"中可与滴定溶液反应的组分含量是已知的,其他基体组成与待测试样相近,可抵消分析过程中的系统误差,测定结果的准确度也较高。

制备好的标准溶液应妥善保存(如采取避光、防吸水汽等措施),并根据其不同性质选择合适的盛装容器。例如:碱性标准溶液应用聚乙烯类塑料瓶存放;硝酸银、高锰酸钾等标准溶液应储存于棕色试剂瓶中(滴定时也应选用棕色滴定管)。对不稳定的标准溶液,其储备液在使用前最好重新标定。

三、标准溶液的配制与标定的一般规定

(1)配制及分析中所用的水及稀释液,在没有注明其他要求时,是指其纯度能满足分析要求的蒸馏水或离子交换水。

(2)工作中使用的分析天平砝码、滴管、容量瓶及移液管均需校正。

(3)标准溶液以 20 ℃时标定的溶液浓度为准(否则应进行换算)。

(4)在标准溶液的配制中规定用"标定"和"比较"两种方法测定时,不要略去其中任何一种,而且两种方法测得的浓度值之相对误差不得大于 0.2% ,以标定所得数字为准。

(5)标定时所用基准试剂应符合要求,换批号时,应做对照后再使用。

(6)配制标准溶液所用药品应符合化学试剂分析纯级。

(7)配制 0.02 mol/L 或更稀的标准溶液时,应于临用前将浓度较高的标准溶液,用煮沸并冷却水稀释,必要时重新标定。

(8)实验用水应符合《分析实验室用水规格和实验用法》(GB/T 6682)中三级水的规格。

(9)在标定和使用标准溶液时,滴定速度一般应保持在 6~8 mL/min。

■ 第二节　几种常用标准溶液的制备

一、盐酸标准溶液的配制和标定——参照 GB/T 601—2002, GB/T 5009.1—2003

(一)实验原理

浓盐酸不稳定,易挥发,必须用标定法配制标准溶液。先将盐酸配制成近似浓度,再用

基准试剂无水碳酸钠标定其准确浓度。标定反应原理：$Na_2CO_3 + 2HCl = 2NaCl + CO_2 + H_2O$。标定时，为缩小指示剂的变色范围，用溴甲酚绿－甲基红混合指示剂，该混合指示剂的碱色为暗绿色，它的变色点 pH 为 5.1，其酸色为暗红色，颜色变化更加明显，终点更容易判断。

（二）仪器与试剂

1. 仪器

高温炉、万分之一分析天平、酸式滴定管（50 mL）、锥形瓶（250 mL）、瓷坩埚、称量瓶、容量瓶、量筒。

2. 试剂

浓盐酸、无水碳酸钠。

溴甲酚绿－甲基红混合指示剂：量取 30 mL 溴甲酚绿的乙醇溶液（2 g/L），加入 20 mL 甲基红乙醇溶液（1 g/L），混匀备用。

（三）实验步骤

1. 配制

按表 4-2 的规定，量取盐酸，缓慢注入 1 000 mL 水中，摇匀。

表 4-2　配制不同浓度盐酸应量取浓盐酸的体积

盐酸标准溶液的浓度 c_{HCl}（mol/L）	盐酸的体积 V（mL）
1.0	90
0.5	45
0.1	9

2. 标定

（1）基准物处理。

将无水碳酸钠在 270～300 ℃高温炉中灼烧至恒重。

（2）标定。

按表 4-3 的规定，称取于 270～300 ℃高温炉中灼烧至恒重的工作基准试剂无水碳酸钠，加入 50 mL 水使之溶解，加 10 滴溴甲酚绿－甲基红指示剂，用待标定的盐酸溶液滴定至溶液由绿色变为紫红色，煮沸 2 min，冷却至室温，继续滴定至溶液变为暗紫色，做 3 次平行实验，并同时做空白实验。

表 4-3　配制不同浓度盐酸应称取无水碳酸钠的质量

盐酸标准溶液的浓度 c_{HCl}（mol/L）	工作基准试剂无水碳酸钠的质量 m（g）
1.0	1.5
0.5	0.8
0.1	0.15

（3）记录。

填写标定盐酸标准溶液记录表（见表4-4）。

表4-4　标定盐酸标准溶液记录表

项目	实验序号			空白
	第一份	第二份	第三份	
无水碳酸钠的质量（g）				—
HCl 的初读数（mL）				
HCl 的终读数（mL）				
消耗 HCl 的体积（mL）				
HCl 的浓度（mol/L）				—
HCl 浓度的平均值（mol/L）				
绝对偏差				—
平均偏差				
相对平均偏差				

（4）计算。

盐酸标准溶液的浓度按下式计算：

$$c = \frac{m}{(V_1 - V_2) \times 0.053\ 0}$$

式中　c——盐酸标准溶液的浓度，mol/L；

　　　m——基准无水碳酸钠的质量，g；

　　　V_1——基准样品消耗的盐酸标准溶液用量，mL；

　　　V_2——空白实验消耗的盐酸标准溶液用量，mL；

　　　0.053 0——与 1.0 mL 盐酸标准溶液（1 mol/L）相当的基准无水碳酸钠的质量（g），

　　　　　　　g/mmol。

（四）注意事项

（1）在良好保存条件下溶液有效期为 2 个月。

（2）如发现溶液产生沉淀或者有霉菌，应进行复查。

（3）溶液中在二氧化碳存在下，终点变色不够敏锐，因此在滴定至临近终点时，要加热煮沸，以除去二氧化碳，冷却后再标定。

（4）0.01 mol/L、0.02 mol/L 盐酸标准溶液可以临用前取用 0.05 mol/L 或 0.1 mol/L 盐酸溶液，加水稀释制成，必要时其浓度要重新标定。

（5）各项记录要准确、及时，标准溶液标定完后，应盖紧瓶塞，填写并贴好标签。

二、氢氧化钠标准溶液的配制和标定——参照 GB/T 5009.1—2003

（一）实验原理

氢氧化钠是最常用的碱溶液，常作为标准溶液测定酸或酸性物质，如测定食品中的总酸含量等。固体 NaOH 具有很强的吸湿性，还易吸收空气中的 CO_2 生成 Na_2CO_3，且含有少量的硅酸盐、硫酸盐和氯化物等，因此不能直接配制成标准溶液，只能用间接法配制，再用基准物质标定其浓度。常用的基准物质是邻苯二甲酸氢钾，其分子式为 $C_8H_5KO_4$，摩尔质量为 204.23 g/mol，属有机弱酸盐，因此可用 NaOH 溶液滴定，用酚酞作指示剂。

（二）仪器与试剂

1. 仪器

分析天平、塑料试剂瓶、碱式滴定管（50 mL）、锥形瓶（250 mL）、移液管、称量瓶、量杯。

2. 试剂

氢氧化钠、邻苯二甲酸氢钾。

1%（10 g/L）酚酞指示剂：称取酚酞 1 g 溶于适量乙醇中，再稀释至 100 mL。

（三）实验步骤

1. 配制

（1）氢氧化钠饱和溶液。

称取 120 g 氢氧化钠，加蒸馏水溶解后稀释至 100 mL，制成 NaOH 饱和溶液，待溶液冷却后，倒入塑料瓶中，盖上橡皮塞，贴上标签，放置数日，澄清后备用。

（2）1 mol/L 氢氧化钠标准溶液。

吸取 56 mL 澄清的氢氧化钠饱和溶液，加适量新煮沸过的冷却水至 1 000 mL，摇匀。

（3）0.5 mol/L 氢氧化钠标准溶液。

吸取 28 mL 澄清的氢氧化钠饱和溶液，加适量新煮沸过的冷却水至 1 000 mL，摇匀。

（4）0.1 mol/L 氢氧化钠标准溶液。

吸取 5.6 mL 澄清的氢氧化钠饱和溶液，加适量新煮沸过的冷却水至 1 000 mL，摇匀。

2. 标定

（1）1 mol/L 氢氧化钠标准溶液。

准确称取约 6 g 在 105~110 ℃干燥至恒重的基准邻苯二甲酸氢钾，加 80 mL 新煮沸过的冷水，使之尽量溶解，加 2 滴酚酞指示液，用配制好的氢氧化钠溶液滴定至溶液呈粉红色，0.5 min 不褪色。做 3 次平行实验，并同时做空白实验。

（2）0.5 mol/L 氢氧化钠标准溶液。

按上述方法操作，但基准邻苯二甲酸氢钾的质量改为 3 g。

（3）0.1 mol/L 氢氧化钠标准溶液。

按上述方法操作，但基准邻苯二甲酸氢钾的质量改为 0.6 g。

3. 记录

填写标定氢氧化钠标准溶液记录表（见表 4-5）。

表 4-5　标定氢氧化钠标准溶液记录表

项目	实验序号			空白
	第一份	第二份	第三份	
邻苯二甲酸氢钾的质量(g)				—
NaOH 的初读数(mL)				
NaOH 的终读数(mL)				
消耗 NaOH 的体积(mL)				
NaOH 的浓度(mol/L)				—
NaOH 浓度的平均值(mol/L)				
绝对偏差				—
平均偏差				
相对平均偏差				

4.计算

氢氧化钠标准溶液的浓度按下式计算:

$$c = \frac{m}{(V_1 - V_2) \times 0.204\ 2}$$

式中　c——氢氧化钠标准溶液的实际浓度,mol/L;

　　　m——基准邻苯二甲酸氢钾的质量,g;

　　　0.204 2——与 1.0 mL 氢氧化钠标准溶液(1 mol/L)相当的基准邻苯二甲酸氢钾的
质量(g),g/mmol;

　　　V_1——滴定邻苯二甲酸氢钾消耗氢氧化钠标准溶液的用量,mL;

　　　V_2——空白实验中氢氧化钠标准溶液的用量,mL。

(四)注意事项

(1)为使标定的浓度准确,标定后可用相应浓度的 HCl 对标。

(2)溶液有效期为 2 个月。

三、硫代硫酸钠标准溶液的配制和标定——参照 GB/T 601—2002,GB/T 5009.1—2003

(一)实验目的

(1)掌握硫代硫酸钠标准溶液的配制、标定和保存方法。

(2)学会碘量瓶的使用方法。

(3)了解置换碘量法的原理。

(二)实验原理

硫代硫酸钠($Na_2S_2O_3 \cdot 5H_2O$),俗称海波,一般含有少量杂质,如 S、Na_2SO_3、Na_2SO_4 等,同时它还容易风化、潮解,且易受空气和微生物的作用而分解,因此不能直接配制成准确浓度的溶液。

标定 $Na_2S_2O_3$ 溶液通常是选用 KIO_3、$KBrO_3$ 或 $K_2Cr_2O_7$ 等氧化剂作为基准物,定量地将 I^- 氧化为 I_2,再用 $Na_2S_2O_3$ 溶液滴定。

本实验是以 $K_2Cr_2O_7$ 作基准物,在酸性条件下与过量 KI 作用,析出与之化学计量关系相当的 I_2,然后用淀粉作指示剂,以 $Na_2S_2O_3$ 溶液滴定。

上述反应分两步进行:

第一步反应:

$$Cr_2O_7^{2-} + 6I^- + 14H^+ = 2Cr^{3+} + 3I_2 + 7H_2O$$

反应后产生定量的 I_2,加水稀释后用硫代硫酸钠标准溶液滴定。

第二步反应:

$$2S_2O_3^{2-} + I_2 = S_4O_6^{2-} + 2I^-$$

以淀粉为指示剂,当溶液变为亮绿色时即为终点。

两步反应所需要的条件如下:

第一步,反应进行要加入过量的 KI 和 H_2SO_4,摇匀后在暗处放置 10 min。实验证明:这一反应速度较慢,需要放置 10 min 后反应才能定量完成,加入过量的 KI 和 H_2SO_4,不仅为了加快反应速度,也为了防止 I_2 的挥发,此时生成 I_3^- 络离子,由于 I^- 在酸性溶液中易被空气中的氧氧化,I_2 易被日光照射分解,故需要置于暗处避免见光。

第二步,第一步反应后,用硫代硫酸钠标准溶液滴定前要加入大量水稀释。由于第一步反应要求在强酸性溶液中进行,而 $Na_2S_2O_3$ 与 I_2 的反应必须在弱酸性或中性溶液中进行,因此需要加水稀释以降低酸度,防止 $Na_2S_2O_3$ 分解。此外,由于 $Cr_2O_7^{2-}$ 还原产物是 Cr^{3+},显墨绿色,妨碍终点的观察,稀释后使溶液中 Cr^{3+} 浓度降低,墨绿色变浅,使终点易于观察。

(三)仪器与试剂

1. 仪器

分析天平、碱式滴定管(50 mL)、烧杯(1 000 mL)、碘量瓶(250 mL)、移液管、试剂瓶。

2. 试剂

硫代硫酸钠、碳酸钠、碘化钾、重铬酸钾。

(1 + 8)硫酸溶液:吸取 10 mL 硫酸,慢慢放入 80 mL 水中。

淀粉指示液:0.5 g 可溶性淀粉放入小烧杯中,加水约 5 mL,成糊状,在搅拌下倒入 90 mL 沸水中,继续微沸 2 min,放冷,备用。指示液应临用时配制。

(四)实验步骤

1. 0.1 mol/L $Na_2S_2O_3$ 标准溶液的配制

称取 26 g 硫代硫酸钠($Na_2S_2O_3 \cdot 5H_2O$)(或 16 g 无水硫代硫酸钠),加 0.2 g 无水碳酸钠,加入适量新煮沸过的冷却水使之溶解,并稀释至 1 000 mL。放置两周后过滤备用。

2. $Na_2S_2O_3$ 标准溶液的标定

准确称取约 0.15 g 于 120 ℃干燥至恒重的工作基准试剂重铬酸钾,置于碘量瓶中,溶于 25 mL 水,加 2 g 碘化钾及 20 mL(1 + 8)硫酸溶液,密塞,摇匀,并用水封,于暗处放置 10 min。加 150 mL 水,用配制好的硫代硫酸钠溶液滴定,近终点时(溶液呈浅黄绿色),加 2 mL 淀粉指示液,继续滴定至溶液由蓝色变为亮绿色。反应液及稀释用水的温度不应高于 20 ℃。

同时做空白实验。

（五）数据记录与结果计算

1. 数据记录

数据填入表4-6。

表4-6　数据记录表

项目	实验序号			空白
	第一份	第二份	第三份	
$K_2Cr_2O_7$ 的质量(g)				
$Na_2S_2O_3$ 的初读数(mL)				
$Na_2S_2O_3$ 的终读数(mL)				
消耗 $Na_2S_2O_3$ 的体积(mL)				
$c_{Na_2S_2O_3}$ (mol/L)				
$\bar{c}_{Na_2S_2O_3}$ (mol/L)				
相对平均偏差				

2. 结果计算

硫代硫酸钠标准溶液的浓度按下式计算：

$$c = \frac{m}{(V_1 - V_2) \times 0.049\ 03}$$

式中　c——硫代硫酸钠标准溶液的浓度，mol/L；

　　　m——基准重铬酸钾的质量，g；

　　　V_1——硫代硫酸钠标准溶液的体积，mL；

　　　V_2——试剂空白中硫代硫酸钠标准溶液的体积，mL；

　　0.049 03——与 1.0 mL 硫代硫酸钠标准溶液(1 mol/L)相当的重铬酸钾的质量(g)，
　　　　　　　　g/mmol。

（六）注意事项

（1）配制 $Na_2S_2O_3$ 溶液时，需要用新煮沸（除去 CO_2 和杀死细菌）并冷却的蒸馏水，或将 $Na_2S_2O_3$ 试剂溶于蒸馏水中，煮沸 10 min 后冷却，加入少量 Na_2CO_3 使溶液呈碱性，以抑制细菌生长。

（2）将配好的 $Na_2S_2O_3$ 溶液储存于棕色试剂瓶中，放置两周后进行标定。硫代硫酸钠标准溶液不宜长期储存，使用一段时间后要重新标定，如果发现溶液变浑浊或析出硫，应过滤后重新标定，或弃去再重新配制溶液。

（3）淀粉指示液应在滴定近终点时加入，如果过早地加入，淀粉会吸附较多的 I_2，使终点难以确定。因此，必须在滴定近终点（溶液呈浅黄绿色）时，再加入淀粉指示液。

（4）滴定开始时要快滴慢摇，以减少 I_2 的挥发，近终点时要慢滴，用力旋摇，以减少淀粉对 I_2 的吸附。

（5）滴定至终点后，经过 5～10 min，溶液又会出现蓝色，这是由于空气氧化 I^- 所引起的,属正常现象。若滴定到终点后,很快又转变为 I_2—淀粉的蓝色,则可能是由于酸度不足或放置时间不够使 $K_2Cr_2O_7$ 与 KI 的反应未完全,此时应弃去重做。

(6)硫代硫酸钠标准溶液应保存在棕色玻璃瓶中,配制和标定后的溶液均应保存在温度接近 20 ℃并没有阳光直射的地方,并且不应受到不良气体的影响。储存溶液的瓶子瓶口要严密。每次取用时,应尽量减少开盖的时间和次数。存放过程中,若发现溶液浑浊或表面有悬浮物,需过滤重新标定后使用,必要时重新制备。

(七)思考题

(1)在配制 $Na_2S_2O_3$ 标准溶液时,所用的蒸馏水为何要先煮沸并冷却后才能使用? 为什么将溶液煮沸 10 min?为什么要加入少量 Na_2CO_3?为什么放置两周后标定?

(2)溶液被滴定至浅黄绿色,说明了什么?为什么在这时才可以加入淀粉指示剂?

(3)配制 0.1 mol/L 的硫代硫酸钠溶液 500 mL,应称取多少克无水 $Na_2S_2O_3$?

四、高锰酸钾标准溶液的配制和标定

(一)实验目的

(1)掌握高锰酸钾标准溶液的配制方法和保存条件。

(2)掌握用草酸钠基准试剂标定高锰酸钾浓度的原理和方法。

(二)实验原理

(1)溶液配制用水要煮沸,配好的溶液要保存在棕色瓶中。

市售的 $KMnO_4$ 常含杂质,且 $KMnO_4$ 易与水中的还原性物质发生反应生成 $MnO_2 \cdot nH_2O$,$KMnO_4$ 易在光线作用下生成 $MnO_2 \cdot nH_2O$,$MnO_2 \cdot nH_2O$ 能促进 $KMnO_4$ 的分解。

因此,配制 $KMnO_4$ 溶液时,要保持微沸 1 h 或在暗处放置数天,待 $KMnO_4$ 把还原性杂质充分氧化后,过滤除去杂质,保存于棕色瓶中,标定其准确浓度。

(2)用 $Na_2C_2O_4$ 溶液标定 $KMnO_4$ 溶液的浓度。

$$5C_2O_4^{2-} + 2MnO_4^- + 16H^+ = 10CO_2 + 2Mn^{2+} + 8H_2O$$

反应要在酸性、较高温度和有 Mn^{2+} 作催化剂的条件下进行。滴定初期,反应很慢,$KMnO_4$ 溶液必须逐滴加入,如过快,部分 $KMnO_4$ 在热溶液中将按下式分解而造成误差:

$$4KMnO_4 + 2H_2SO_4 = 4MnO_2 + 2K_2SO_4 + 2H_2O + 3O_2$$

在滴定过程中逐渐生成的 Mn^{2+} 有催化作用,结果使反应速率逐渐加快。

因为 $KMnO_4$ 溶液本身具有特殊的紫红色,极易察觉,故用它作为滴定剂时,不需要另加指示剂。

(三)仪器与试剂

1.仪器

酸式滴定管、棕色试剂瓶(250 mL)、量筒(50 mL)、量筒(10 mL)、移液管(25 mL)、吸量管(1 mL)、锥形瓶(250 mL)、容量瓶(250 mL)、电子天平、水浴锅、电炉、玻璃砂芯漏斗。

2.试剂

高锰酸钾(分析纯)、草酸钠(基准试剂)、硫酸溶液(3 mol/L)、$MnSO_4$(1 mol/L)。

（四）实验步骤

1. 0.02 mol/L KMnO₄ 溶液的配制

方法一：称取高锰酸钾（$M = 158$）0.8 ~ 1.0 g 置于烧杯中，加入适量蒸馏水煮沸加热溶解后倒入洁净的 250 mL 棕色试剂瓶中，用水稀释至 250 mL，摇匀，塞好，静置 7 ~ 10 d 后将上层清液用玻璃砂芯漏斗过滤，残余溶液和沉淀倒掉，把试剂瓶洗净，将滤液倒回试剂瓶，摇匀，待标定。

方法二：称取 0.8 ~ 1.0 g 的高锰酸钾溶于大烧杯中，加 250 mL 水，盖上表面皿，加热至沸，保持微沸状态 1 h，则不必长期放置，冷却后用玻璃砂芯漏斗过滤除去二氧化锰杂质后，将溶液储存于 250 mL 棕色试剂瓶可直接用于标定。

2. KMnO₄ 浓度的标定

（1）精确称取 0.130 0 ~ 0.160 0 g 预先干燥过的 $Na_2C_2O_4$ 三份，分别置于 250 mL 锥形瓶中，各加入 10 mL 蒸馏水和 10 mL 3 mol/L H_2SO_4 使其溶解，水浴慢慢加热直到锥形瓶口有蒸气冒出（75 ~ 85 ℃）。

（2）趁热用待标定的 KMnO₄ 溶液进行滴定。

（3）开始滴定时，速度宜慢，在第一滴 KMnO₄ 溶液滴入后，不断摇动溶液，当紫红色褪去后再滴入第二滴。待溶液中有 Mn^{2+} 产生后，反应速率加快，滴定速度也就可适当加快，但也决不可使 KMnO₄ 溶液连续流下（为了使反应加快，可以先在高锰酸钾溶液中加一两滴 1 mol/L $MnSO_4$）。

（4）近终点时，应减慢滴定速度，同时充分摇匀。最后滴加半滴 KMnO₄ 溶液，在摇匀后半分钟内仍保持微红色不褪，表明已达到终点。记下最终读数并计算 KMnO₄ 溶液的浓度及相对平均偏差。

（五）数据记录与结果计算

1. 数据记录

数据填入表 4-7。

表 4-7　数据记录表

项目	实验序号			空白
	第一份	第二份	第三份	
$m_{Na_2C_2O_4}$ (g)				
滴定管终读数 (mL)				
滴定管始读数 (mL)				
V_{KMnO_4} (mL)				
c_{KMnO_4} (mol/L)				
$\bar{c}_{KMnO_4}$ (mol/L)				
相对偏差				

2. 结果计算

高锰酸钾标准溶液的浓度按下式计算：

$$c_{KMnO_4} = \frac{2 \times \dfrac{m_{Na_2C_2O_4}}{M_{Na_2C_2O_4}}}{5 \times V_{KMnO_4}}$$

式中　c_{KMnO_4}——高锰酸钾标准溶液的浓度，mol/L；

$m_{Na_2C_2O_4}$——基准草酸钠的质量，g；

$M_{Na_2C_2O_4}$——基准草酸钠的摩尔质量，g/mol；

V_{KMnO_4}——高锰酸钾标准溶液的体积，mL。

（六）注意事项

（1）在室温条件下，$KMnO_4$ 与 $C_2O_4^{2-}$ 之间的反应速度缓慢，因此加热提高反应速度。但温度又不能太高，如温度超过 85 ℃ 则有部分 $H_2C_2O_4$ 分解，反应式如下：

$$H_2C_2O_4 = CO_2 \uparrow + CO \uparrow + H_2O$$

（2）草酸钠溶液的酸度在开始滴定时，约为 1 mol/L，滴定终了时，约为 0.5 mol/L，这样能促使反应正常进行，并且防止 MnO_2 的形成。滴定过程如果发生棕色浑浊 MnO_2，应立即加入 H_2SO_4 补救，使棕色浑浊消失。

（3）当反应生成能使反应加速进行的 Mn^{2+} 后，可以适当加快滴定速度，但如果滴定速度过快，部分 $KMnO_4$ 将来不及与 $Na_2C_2O_4$ 反应而造成误差，它们会按下式分解：

$$4MnO_4^- + 4H^+ = 4MnO_2 + 3O_2 \uparrow + 2H_2O$$

（4）$KMnO_4$ 标准溶液滴定时的终点较不稳定，当溶液出现微红色，在 30 s 内不褪时，滴定就可认为已经完成，如对终点有疑问时，可先将滴定管读数记下，再加入 1 滴 $KMnO_4$ 标准溶液，发生紫红色即证实终点已到，滴定时不要超过计量点。

（5）$KMnO_4$ 标准溶液应放在酸式滴定管中，由于 $KMnO_4$ 溶液颜色很深，液面凹下弧线不易看出，因此应该从液面最高边上读数。

五、硝酸银标准溶液的配制和标定

（一）实验目的

（1）学会硝酸银标准溶液的配制和标定方法。

（2）掌握滴定终点的判断。

（二）实验原理

$AgNO_3$ 标准溶液可以用经过预处理的基准试剂 $AgNO_3$ 直接配制。但非基准试剂 $AgNO_3$ 中常含有杂质，如金属银、氧化银、游离硝酸、亚硝酸盐等，因此用间接法配制。先配成近似浓度的溶液后，用基准物质 NaCl 标定。

以 NaCl 作为基准物质，溶解后，在中性或弱碱性溶液中，用 $AgNO_3$ 溶液滴定，以 K_2CrO_4 作为指示剂，其反应式如下：

$$Ag^+ + Cl^- = AgCl \downarrow （白色）$$

$$2Ag^+ + CrO_4^{2-} = Ag_2CrO_4 \downarrow （砖红色）$$

达到化学计量点时，微过量的 Ag^+ 与 CrO_4^{2-} 反应析出砖红色 Ag_2CrO_4 沉淀，指示滴定终点。

（三）仪器与试剂

1.仪器与工量具

分析天平、酸式滴定管、锥形瓶、吸量管等。

2.试剂

固体试剂 $AgNO_3$（分析纯）。固体试剂 NaCl（基准物质,在 500～600 ℃灼烧至恒重）。

K_2CrO_4 指示液（50 g/L,即 5%）。配制:称取 5 g K_2CrO_4 溶于少量水中,滴加 $AgNO_3$ 溶液至红色不褪,混匀。放置过夜后过滤,将滤液稀释至 100 mL。

（四）实验步骤

1.配制 0.1 mol/L $AgNO_3$ 溶液

称取8.5 g $AgNO_3$ 溶于500 mL 不含 Cl^- 的蒸馏水中,储存于带玻璃塞的棕色试剂瓶中,摇匀,置于暗处,待标定。

2.标定 $AgNO_3$ 溶液

准确称取基准试剂 NaCl 0.12～0.159 g,放于锥形瓶中,加 50 mL 不含 Cl^- 的蒸馏水溶解,加 K_2CrO_4 指示液 1 mL,在充分摇动下,用配好的 $AgNO_3$ 溶液滴定至溶液呈微红色即为终点。记录消耗 $AgNO_3$ 标准溶液的体积。平行测定 3 次。

（五）结果计算

1.数据记录

数据填入表4-8。

表 4-8　数据记录表

项目	实验序号			空白
	第一份	第二份	第三份	
m_{NaCl}(g)				
$V_{初}$(mL)				
$V_{终}$(mL)				
V_{AgNO_3}(mL)				
c_{AgNO_3}(mol/L)				
$\bar{c}_{AgNO_3}$(mol/L)				
相对偏差				

2.计算结果

$AgNO_3$ 标准溶液浓度按下式计算:

$$c_{AgNO_3} = \frac{m_{NaCl}}{M_{NaCl} V_{AgNO_3}}$$

式中　c_{AgNO_3}——$AgNO_3$ 标准溶液的浓度,mol/mL;

　　　m_{NaCl}——基准试剂 NaCl 的质量,g;

　　　M_{NaCl}——NaCl 的摩尔质量,58.44 g/mol;

　　　V_{AgNO_3}——滴定时消耗 $AgNO_3$ 标准溶液的体积,mL。

（六）注意事项

（1）AgNO₃ 试剂及其溶液具有腐蚀性,可破坏皮肤组织,注意切勿接触皮肤及衣服。

（2）配制 AgNO₃ 标准溶液的蒸馏水应无 Cl⁻,否则配成的 AgNO₃ 溶液会出现白色浑浊,不能使用。

（3）实验完毕后,盛装 AgNO₃ 溶液的滴定管应先用蒸馏水洗涤 2～3 次后,再用自来水洗净,以免 AgCl 沉淀残留于滴定管内壁。

六、EDTA 标准溶液的配制和标定

（一）实验目的

（1）学习 EDTA 标准溶液的配制和标定方法。

（2）掌握络合滴定的原理,了解络合滴定的特点。

（3）熟悉钙指示剂或二甲酚橙指示剂的使用及其终点的变化。

（二）实验原理

乙二胺四乙酸(简称 EDTA,常用 H_4Y 表示)难溶于水,常温下其溶解度为 0.2 g/L,在分析中不适用,通常使用其二钠盐配制标准溶液。乙二胺四乙酸二钠盐的溶解度为 120 g/L,可配成 0.3 mol/L 以上的溶液,其水溶液 pH = 4.8,通常采用间接法配制标准溶液。

标定 EDTA 溶液常用的基准物有 Zn、ZnO、CaCO₃、Bi、Cu、MgSO₄·7H₂O、Hg、Ni、Pb 等。通常选用其中与被测组分相同的物质作基准物,这样滴定条件较一致。EDTA 溶液若用于测定石灰石或白云石中 CaO、MgO 的含量,则宜用 CaCO₃ 为基准物。首先可加盐酸溶液与之作用,其反应式如下:

$$CaCO_3 + 2HCl = CaCl_2 + H_2O + CO_2\uparrow$$

然后把溶液转移到容量瓶中并稀释,制成钙标准溶液。吸取一定量钙标准溶液,调节酸度至 pH≥12,用钙指示剂作指示剂,以 EDTA 滴定至溶液从酒红色变为纯蓝色,即为终点,其变色原理如下:钙指示剂(常以 H_3Ind 表示)在溶液中按下式电离:

$$H_3Ind = 2H^+ + HInd^{2-}$$

在 pH≥12 的溶液中,$HInd^{2-}$ 与 Ca^{2+} 离子形成比较稳定的络离子,反应式如下:

$$HInd^{2-} + Ca^{2+} = CaInd^- + H^+$$

$$\text{纯蓝色} \qquad\qquad \text{酒红色}$$

所以,在钙标准溶液中加入钙指示剂,溶液呈酒红色,当用 EDTA 溶液滴定时,由于 EDTA 与 Ca^{2+} 形成比 $CaInd^-$ 络离子更稳定的络离子 CaY^{2-},因此在滴定终点附近,$CaInd^-$ 络离子不断转化为较稳定的 CaY^{2-} 络离子,而钙指示剂则被游离了出来,其反应可表示如下:

$$CaInd^- + H_2Y^{2-} = CaY^{2-} + HInd^{2-} + H^+$$

由于 CaY^{2-} 无色,所以到达终点时溶液由酒红色变成纯蓝色。

用此法测定钙,若 Mg^{2+} 共存(在调节溶液酸度为 pH≥12 时,Mg^{2+} 将形成 $Mg(OH)_2$ 沉淀),此共存的少量 Mg^{2+} 不仅不干扰钙的测定,反而会使终点比 Ca^{2+} 单独存在时更敏锐。当 Ca^{2+}、Mg^{2+} 共存时,终点由酒红色变到纯蓝色,当 Ca^{2+} 单独存在时,则由酒红色变成紫蓝色,所以测定单独存在的 Ca^{2+} 时,常常加入少量 Mg^{2+}。

EDTA 若用于测定 Pb^{2+}、Bi^{3+},则宜以 ZnO 或金属锌为基准物,以二甲酚橙为指示剂,在

pH = 5 ~ 6 的溶液中,二甲酚橙指示剂本身显黄色,与 Zn^{2+} 离子的络合物呈紫红色。EDTA 与 Zn^{2+} 形成更稳定的络合物,因此用 EDTA 溶液滴定至近终点时,二甲酚橙被游离出来,溶液由紫红色变成黄色。

络合滴定中所用的蒸馏水,应不含 Fe^{3+}、Al^{3+}、Cu^{2+}、Ca^{2+}、Mg^{2+} 等杂质离子。

(三)仪器与试剂

1. 仪器

酸式滴定管。

2. 试剂

乙二胺四乙酸二钠、$CaCO_3$、氨水(1:1)、镁溶液(溶解 1 g $MgSO_4 \cdot 7H_2O$ 于水中,稀释至 200 mL)、NaOH 溶液(10% 溶液)、钙指示剂(固体指示剂)、二甲酚橙指示剂(0.2% 水溶液)。

(四)实验步骤

1. 0.02 mol/L EDTA 溶液的配制

在台秤上称取乙二胺四乙酸二钠 7.6 g,溶解于 300 ~ 400 mL 温水中,稀释至 1 L,如浑浊,应过滤,转移至 1 000 mL 细口瓶中,摇匀,贴上标签,注明试剂名称、配制日期、配制人。

2. 以 $CaCO_3$ 为基准物标定 EDTA 溶液

(1)0.02 mol/L 钙标准溶液的配制。

置碳酸钙基准物于称量瓶中,在 110 ℃干燥 2 h,冷却后,准确称取 0.20 ~ 0.25 g 碳酸钙于 250 mL 烧杯中,盖上表面皿,加水润湿,再从杯嘴边逐滴加入数毫升淋洗入杯中,待冷却后转移至 250 mL 容量瓶中,稀释至刻度,摇匀,贴上标签,注明试剂名称、配制日期、配制人。

(2)用钙标准溶液标定 EDTA 溶液。

用移液管移取 25.00 mL 标准钙溶液置于 250 mL 锥形瓶中,加入约 25 mL 水,2 mL 镁溶液,10 mL 10% NaOH 溶液及约 10 mg(米粒大小)钙指示剂,摇匀后,用 EDTA 溶液滴定至溶液从红色变为蓝色,即为终点。

3. 以 ZnO 为基准物标定 EDTA 溶液

(1)锌标准溶液的配制。

准确称取在 800 ~ 1 000 ℃灼烧(需 20 min 以上)过的基准物 ZnO 0.5 ~ 0.6 g 置于 100 mL 烧杯中,用少量水润湿,然后逐滴加入 6 mol/L HCl,边加边搅拌至完全溶解为止。然后,定量转移入 250 mL 容量瓶中,稀释至刻度并摇匀,贴上标签,注明试剂名称、配制日期、配制人。

(2)用锌标准溶液标定 EDTA 溶液。

移取 25.00 mL 锌标准溶液置于 250 mL 锥形瓶中,加约 30 mL 水,2 ~ 3 滴二甲酚橙为指示剂,先加 1:1 氨水至溶液由黄色刚变为橙色,然后滴加 20% 六次甲基四胺至溶液呈稳定的紫红色,再多加 3 mL,用 EDTA 溶液滴定至溶液由红紫色变成亮黄色,即为终点。

(五)思考题

(1)为什么通常使用乙二胺四乙酸二钠盐配制 EDTA 标准溶液,而不用乙二胺四乙酸?

(2)以 HCl 溶液溶解 $CaCO_3$ 基准物时,操作中应注意什么?

(3)以 $CaCO_3$ 为基准物标定 EDTA 溶液时,加入镁溶液的目的是什么?

项目五　常见分析仪器及其使用方法

学习目标

1. 掌握酸度计的使用方法。
2. 掌握分光光度计的使用方法。
3. 了解气相色谱仪和高效液相色谱仪的组成和使用方法。

第一节　酸度计

一、酸度计的基本原理

酸度计是一种通过测量电池电势差的方法测定溶液 pH 的仪器。其工作原理主要是利用一对电极在不同 pH 溶液中能产生不同的电动势,再将该电动势输入仪器,经过电子线路的一系列工作,最后在电表上指示出测量结果。

不同类型的酸度计的主要组成部分相似,主要包括指示电极(玻璃电极)、参比电极(饱和甘汞电极)及与它们相连接的电表等电路系统。以下简单介绍玻璃电极、饱和甘汞电极和复合电极。

(一)玻璃电极

玻璃电极的主要部分是头部的球泡,它是由特制的玻璃吹制成的极薄的空心小球,球内装有 0.1 mol/L HCl 溶液和 Ag－AgCl 电极,把它插入待测溶液便组成一个电极。

(二)饱和甘汞电极

饱和甘汞电极是由汞、氯化亚汞(甘汞)和饱和氯化钾溶液组成的电极,内玻璃管封接一根铂丝,铂丝插入纯汞中,纯汞下面有一层甘汞和汞的糊状物,外玻璃管中装入饱和 KCl 溶液,下端用素烧陶瓷塞塞住,通过素烧陶瓷塞的毛细孔,可使内外溶液相通。

(三)复合电极

有的酸度计使用的是复合电极,该电极是一种由玻璃电极(测量电极)和银－氯化银电极(参比电极)组合在一起的塑壳可充式电极。玻璃电极球泡内通过银－氯化银电极组成半电池,球泡外通过银－氯化银参比电极组成另一个半电池,外参比溶液为饱和氯化钾溶液,两个半电池组成一个完整的化学原电池,其电势仅与被测溶液氢离子浓度有关。

二、常用的酸度计及其使用方法

以 pHS－2F 型酸度计为例介绍酸度计及其使用方法。该仪器采用 3 位半 LED 数字显示测量结果,适用于测定水溶液的 pH 和电位值(mV),其最小显示单位为 0.01 pH/1 mV。

pHS－2F 型酸度计使用方法如下:

（一）测量 pH

（1）开机前准备。

将多功能电极架插入多功能电极架插座中，将 pH 复合电极安装在电极架上。

将 pH 复合电极下端的电极保护套拔下，并且拉下电极上端的橡皮套使其露出上端小孔。

用蒸馏水清洗电极。

（2）预热仪器。

将电源线插入电源插座，按下电源开关，接通电源，预热 30 min。

（3）把"pH/mV"波段开关旋至 pH 挡。

（4）调节"温度补偿"旋钮，使旋钮白线对准溶液温度值。

（5）把"斜率"旋钮顺时针旋转到底（100% 位置）。

（6）标定。

取一洁净小烧杯，加入少量 pH = 6.86 的标准缓冲溶液，荡洗 3 次，然后在小烧杯中加入该缓冲溶液 50 mL，将清洗过的电极插入其中，轻轻摇动烧杯，促使电极平衡。调节"定位"旋钮使仪器数字显示屏的读数稳定显示该温度下的标准缓冲溶液的 pH。将电极从缓冲溶液中取出，移去烧杯，用纯水清洗，并用滤纸吸干外壁的水分，用与待测定试液 pH 相接近的标准溶液荡洗 3 次。

另取一洁净小烧杯，倒入该缓冲溶液 50 mL，将清洗过的电极插入其中，轻轻摇动烧杯，调节"斜率"旋钮使仪器数字显示屏的读数显示该温度下的标准缓冲溶液的 pH。移去烧杯，用纯水清洗电极，并用滤纸吸干外壁的水分。

（7）重复上述步骤（6），直至不用调节"定位"和"斜率"旋钮为止，完成仪器标定。

（8）测量。

移去标准缓冲溶液，取一洁净小烧杯，用待测溶液荡洗 3 次，在小烧杯中加入 50 mL 待测溶液，插入电极，轻轻摇动烧杯，等数字显示稳定后读取并记录测定溶液的 pH。平行测定 2 次，取平均值。

（9）取下电极，用纯水冲洗干净后浸泡在电极套中。

（10）关闭电源，拔下电源插头，并将短路插头插入插座。做好仪器使用记录。

（二）测量电极电位（mV）

（1）把离子选择电极或金属电极和参比电极夹在电极架上。

（2）用纯水清洗电极头部，用待测溶液清洗 3 次。

（3）把电极转换器的插头 22A 插入仪器后部的测量电极插座处；把离子电极的插头插入转换器插座 22B 处。

（4）把参比电极接入仪器后部的参比电极接口处。

（5）把选择开关旋钮调到 mV 挡。

（6）把两种电极插在待测溶液内，将溶液搅拌均匀后，即可在显示屏上读出该离子选择电极电位值（mV），还可自动显示正负极性，如果被测定信号超出仪器的测量范围或测量端开路，显示屏会不亮，并作超载报警。

（7）使用金属电极测量电极电位时，用带夹子的 Q9 插头插入测量电极插座处，将金属与金属电极导线相接，参比电极接入参比电极接口处。

三、仪器和电极的维护

（1）玻璃电极插口必须保持清洁，不用时用短路插头插入插座，以防灰尘和水汽侵入。在环境湿度较高时，应把电极插口用净布擦干。

（2）测量前定位校正时，标准缓冲溶液的 pH 与被测溶液的 pH 越接近越好。

（3）测量时，电极的引入线必须保持静止，否则会引起测量不稳定。

（4）使用复合电极时，应避免电极下部的玻璃泡与硬物或污物接触。如玻璃球泡上发现沾污，可用医用棉花轻擦球泡部分或用 0.1 mol/L HCl 清洗。

（5）复合电极的外参比溶液为饱和氯化钾溶液，补充液可从电极上端的小孔中加入。

（6）复合电极使用后，应清洗干净，套上保护套，保护套中加少量补充液以保持电极球泡的湿润。切忌浸泡在去离子水中。

四、实验实训——直接电位法测定溶液的 pH

（一）实验目的

（1）掌握酸度计测定溶液 pH 的原理和方法。

（2）学会正确使用酸度计。

（3）了解标准缓冲溶液的作用和配制方法。

（二）实验原理

测定溶液 pH 的方法最简便的有 pH 试纸法和酸碱指示剂法，但准确度较差，一般仅能精确到 0.1～0.3pH 单位，而用酸度计测定准确度较高，可测定至 pH 的小数点后第 2 位。

pH 测定法是测定药品水溶液氢离子浓度的一种方法。pH 就是水溶液中氢离子浓度（以每升中离子计算）的负对数。

（三）仪器与试剂

1. 仪器

pHS-2F 型酸度计、E-201-C 型塑壳可充式 pH 复合电极、烧杯。

2. 试剂

邻苯二甲酸氢钾标准缓冲溶液（pH = 4.00）、混合磷酸盐标准缓冲溶液（pH = 6.86）、硼砂标准缓冲溶液（pH = 9.18）。

1% HCl 溶液、1% NaOH 溶液、饱和 KCl 溶液。

（四）实验内容

（1）配制 1% HCl 溶液和 1% NaOH 溶液。

（2）测定 1% HCl 溶液、1% NaOH 溶液的 pH。

①操作流程。

开机前准备→预热电器→把"pH/mV"波段开关旋至 pH 挡→调节温度补偿旋钮→调节斜率旋钮→标定→测量→取下电极→关闭电源。

②操作要点。

a. 测量。

移去标准缓冲溶液,取一洁净小烧杯,用待测溶液荡洗 3 次,在小烧杯中加入 50 mL 待测溶液,插入电极,轻轻摇动烧杯,等数字显示稳定后读取并记录测定溶液的 pH。平行测定 2 次,取平均值。

若被测溶液与定位溶液温度相同,用电极插入被测溶液测量即可。

若被测溶液与定位溶液温度不相同,应先用温度计测出被测溶液的温度,调节温度旋钮,使白线对准待测溶液的温度值,然后再测定溶液的 pH。

b. 其他操作流程同前。

（五）实验结果

将实验结果填入表 5-1 中。

表 5-1　数据记录表

供试液	测定次数		平均值
	1	2	
1% HCl 溶液			
1% NaOH 溶液			

（六）注意事项

（1）经标定后,“定位”及“斜率”旋钮不应再有变动。

（2）标定的标准缓冲溶液第一次应用 pH = 6.86 的溶液;第二次应用接近被测溶液 pH 的缓冲液。

第二节　分光光度计

一、概述

用于测定溶液吸光度的仪器称为分光光度计。分光光度计的种类和型号很多,但它们的基本结构都是由光源、单色器、试样池、检测器和信号处理及显示系统五个部分组成的。

由光源发出的光,经色散系统获得一定波长单色光照射到试样溶液,被选择性吸收后,经过接收器将光强度变化转换为电流强度变化,并经信号指示系统调制放大后,显示或打印出吸光度 A,完成测定过程。

分光光度计有可见分光光度计和紫外 - 可见分光光度计两种,适用于 360 ~ 850 nm 和 200 ~ 360 nm 波长范围的测量。比色皿分为石英比色皿和玻璃比色皿两种。石英比色皿用于紫外波长范围内的测量,玻璃比色皿用于可见光波长范围内的测量。

二、分光光度计的使用方法

（一）预热仪器

为使测定稳定,将电源开关打开,使仪器预热 20 min,为了防止光电管疲劳,不要连续光照。预热仪器时和在不测定时,应将比色皿暗箱盖打开,切断光路。

（二）选定波长

根据实验要求，转动波长调节器，使指针指示所需要的单色光波长。

（三）调零

将盛蒸馏水（或空白溶液或纯溶剂）的比色皿放入比色皿座架中的第一格内，有色溶液放在其他格内，把比色皿暗箱盖子轻轻盖上，使透光度 $T = 100\%$ ，吸光度 $A = 0$ 。

（四）测定

轻轻拉动比色皿座架拉杆，使有色溶液进入光路，此时表头指针所示为该有色溶液的吸光度 A 。读数后，打开比色皿暗箱盖。

（五）关机

实验完毕，切断电源，将比色皿取出洗净，并将比色皿座架及暗箱用软纸擦净。

三、使用分光光度计的注意事项

（一）不测定时必须将比色皿暗箱盖打开

为了防止光电管疲劳，不测定时必须将比色皿暗箱盖打开，切断光路，以延长光电管使用寿命。

（二）比色皿的使用方法

（1）拿比色皿时，手指只能捏住比色皿的毛玻璃面，不要碰比色皿的透光面，以免沾污。

（2）清洗比色皿时，一般先用水冲洗，再用蒸馏水洗净。

如比色皿被有机物沾污，可用盐酸－乙醇混合洗涤液（1:2）浸泡片刻，再用水冲洗。不能用碱溶液或氧化性强的洗涤液洗比色皿，以免损坏。也不能用毛刷清洗比色皿，以免损伤它的透光面。每次做完实验后，应立即洗净比色皿。

（3）比色皿外壁的水用擦镜纸或细软的吸水纸吸干，以保护透光面。

（4）测定有色溶液吸光度时，一定要用有色溶液洗比色皿内壁几次，以免改变有色溶液的浓度。另外，在测定一系列溶液的吸光度时，通常都按由稀到浓的顺序测定，以减小测量误差。

（5）在实际分析工作中，通常根据溶液浓度的不同，选用液槽厚度不同的比色皿，使溶液的吸光度控制在 0.2 ~ 0.7。

四、分光光度计的使用练习——考马斯亮蓝 G - 250 法测定蛋白质含量

（一）实验目的

（1）学习分光光度计的使用方法。

（2）学习和掌握考马斯亮蓝 G - 250 法测定蛋白质含量的原理和方法。

（二）实验原理

考马斯亮蓝 G - 250 法测定蛋白质含量属于染料结合法的一种。考马斯亮蓝 G - 250 在游离状态下呈红色，最大光吸收在 488 nm；当它与蛋白质结合后变为青色，蛋白质－色素结合物在 595 nm 波长下有最大光吸收。其光吸收值与蛋白质含量成正比，因此可用于蛋白质的定量测定。

蛋白质与考马斯亮蓝 G - 250 结合在 2 min 左右的时间内达到平衡，完成反应十分迅速；其结合物在室温下 1 h 内保持稳定。该法是 1976 年 Bradford 建立的，试剂配制简单，操

作简便快捷,反应非常灵敏,灵敏度比 Lowry 法还高 4 倍,可测定微克级蛋白质含量,测定蛋白质浓度范围为 0 ~ 1 000 μg/mL,是一种常用的微量蛋白质快速测定方法。

(三)仪器、试剂和材料

1. 仪器

分析天平、台式天平,刻度吸管,具塞试管、试管架,研钵,离心机、离心管,烧杯、量筒,微量取样器,分光光度计。

2. 试剂

(1)牛血清白蛋白标准溶液的配制。

准确称取 100 mg 牛血清白蛋白,溶于 100 mL 蒸馏水中,即为 1 000 μg/mL 的原液。

(2)蛋白试剂考马斯亮蓝 G - 250 的配制。

称取 100 mg 考马斯亮蓝 G - 250,溶于 50 mL 90% 乙醇中,加入 85%(W/V)的磷酸 100 mL,最后用蒸馏水定容到 1 000 mL。此溶液在常温下可放置一个月。

(3)乙醇。

(4)磷酸(85%)。

3. 材料

新鲜绿豆芽。

(四)操作步骤

1. 标准曲线的制作

(1)0 ~ 100 μg/mL 标准曲线的制作。

取 6 支 10 mL 干净的具塞试管,按表 5-2 取样。盖塞后,将各试管中溶液纵向倒转混合,放置 2 min 后用 1 cm 光径的比色杯在 595 nm 波长下比色,记录各管测定的光密度 $OD_{595 nm}$,并作标准曲线。

表 5-2　低浓度标准曲线的制作

管号	1	2	3	4	5	6
1 000 μg/mL 标准蛋白液(mL)	0.00	0.02	0.04	0.06	0.08	0.10
蒸馏水(mL)	1.00	0.98	0.96	0.94	0.92	0.90
考马斯亮蓝 G - 250 试剂(mL)	5	5	5	5	5	5
蛋白质含量(μg)	0	20	40	60	80	100
$OD_{595 nm}$						

(2)0 ~ 1 000 μg/mL 标准曲线的制作。

另取 6 支 10 mL 具塞试管,按表 5-3 取样。其余步骤同(1)操作,作出蛋白质浓度为 0 ~ 1 000 μg/mL 的标准曲线。

表 5-3　高浓度标准曲线的制作

管号	7	8	9	10	11	12
1 000 μg/mL 标准蛋白液(mL)	0.0	0.2	0.4	0.6	0.8	1.0
蒸馏水(mL)	1.00	0.8	0.6	0.4	0.2	0
考马斯亮蓝 G - 250 试剂(mL)	5	5	5	5	5	5
蛋白质含量(μg)	0	200	400	600	800	1 000
$OD_{595 nm}$						

2. 样品提取液中蛋白质浓度的测定

（1）待测样品制备。

称取新鲜绿豆芽下胚轴 2 g 放入研钵中，加 2 mL 蒸馏水研磨成匀浆，转移到离心管中，再用 6 mL 蒸馏水分次洗涤研钵，洗涤液收集于同一离心管中，放置 0.5～1 h 以充分提取，然后再 4 000 r/min 离心 20 min，弃去沉淀，上清液转入 10 mL 容量瓶中，并以蒸馏水定容至刻度，即得待测样品提取液。

（2）测定。

另取 2 支 10 mL 具塞试管，按表 5-4 取样。吸取提取液 0.1 mL（做一重复），放入具塞刻度试管中，加入 5 mL 考马斯亮蓝 G－250 蛋白试剂，充分混合，放置 2 min 后用 1 cm 光径比色杯在 595 nm 下比色，记录光密度 $OD_{595 \, nm}$，并通过标准曲线查得待测样品提取液中蛋白质的含量 $X(\mu g)$。以标准曲线 1 号试管做空白实验。

表 5-4　待测液蛋白质浓度测定

管号	13	14
蛋白质待测样品提取液（mL）	0.1	0.1
蒸馏水（mL）	0.9	0.9
考马斯亮蓝 G－250 试剂（mL）	5	5
$OD_{595 \, nm}$		
蛋白质含量（μg）		

（五）结果计算

样品蛋白质含量计算公式为

$$样品蛋白质含量（\mu g/g \ 鲜重）= \frac{X \dfrac{提取液总体积（mL）}{测定时取样体积（mL）}}{样品鲜重（g）}$$

其中，X 为在标准曲线上查得的蛋白质含量，μg。

（六）注意事项

（1）Bradford 法由于染色方法简单迅速，干扰物质少，灵敏度高，现已广泛应用于蛋白质含量的测定。

（2）有些阳离子如 K^+、Na^+、Mg^{2+}，$(NH_4)_2SO_4$、乙醇等物质不干扰测定，但大量的去污剂如 TritonX－100、SDS 等严重干扰测定。

（3）蛋白质与考马斯亮蓝 G－250 结合的反应十分迅速，在 2 min 左右反应达到平衡；其结合物在室温下 1 h 内保持稳定。因此，测定时，不可放置太长时间，否则将使测定结果偏低。

（4）将各试管中溶液纵向倒转混合，目的是使反应充分，并且使整个反应液均一；否则在比色测定时，结果会有较大偏差，使标准曲线的制作不标准，后续的测定结果不可靠。

第三节　气相色谱仪

一、色谱法

色谱法是一种重要的分离分析方法,它利用不同物质在两相中具有不同的分配系数(或吸附系数、渗透性),当两相作相对运动时,这些物质在两相中进行多次反复分配而实现分离。在色谱技术中,流动相为气体的叫气相色谱,流动相为液体的叫液相色谱。固定相可以装在柱内,也可以做成薄层。前者叫柱色谱,后者叫薄层色谱。根据色谱法原理制成的仪器叫色谱仪,目前主要有气相色谱仪和液相色谱仪。

色谱法的创始人是俄国的植物学家茨维特。1905 年,他将从植物色素提取的石油醚提取液倒入一根装有碳酸钙的玻璃管顶端,然后用石油醚淋洗,结果使不同色素得到分离,在管内显示出不同的色带,色谱一词也由此得名。这就是最初的色谱法。后来,用色谱法分析的物质已极少为有色物质,但色谱一词仍沿用至今。在 20 世纪 50 年代,色谱法有了很大的发展。1952 年,詹姆斯和马丁以气体作为流动相分析了脂肪酸同系物并提出了塔板理论。1956 年,范第姆特总结了前人的经验,提出了反映载气流速和柱效关系的范第姆特方程,建立了初步的色谱理论。同年,高莱(Golay)发明了毛细管柱,以后又相继发明了各种检测器,使色谱技术更加完善。20 世纪 50 年代末期,出现了气相色谱和质谱联用的仪器,克服了气相色谱不适于定性分析的缺点。近年来,由于检测技术的提高和高压泵的出现,高效液相色谱迅猛发展,色谱法的应用范围大大扩展。目前,由于高效能的色谱柱、高灵敏的检测器及微处理机的使用,色谱法已成为一种分析速度快、灵敏度高、应用范围广的分析仪器。

二、气相色谱仪的组成

典型的气相色谱仪具有稳定流量的载气,将汽化的样品由汽化室带入色谱柱,在色谱柱中不同组分得到分离,并先后从色谱柱中流出,经过检测器和记录器,这些被分开的组分成为一个一个的色谱峰。色谱仪通常由五个部分组成,即载气系统(包括气源和流量的调节与测量元件等),进样系统(包括进样装置和汽化室两部分),分离系统(主要是色谱柱),检测、记录系统(包括检测器和记录器),辅助系统(包括温控系统、数据处理系统等)。

(一)载气系统

载气通常为氮气、氢气、氩气、氦气和空气,这些气体除空气可由空压机供给外,一般都由高压钢瓶供给。由高压气瓶出来的载气需经过装有活性炭或分子筛的净化器,以除去载气中的水、氧等有害杂质。由于载气流速的变化会引起保留值和检测灵敏度的变化,因此一般采用稳压阀、稳流阀或自动流量控制装置,以确保流量恒定。载气气路有单柱单气路和双柱双气路两种。前者比较简单,后者可以补偿因固定液流失、温度波动所造成的影响,因而基线比较稳定。

(二)进样系统

进样系统包括进样装置和汽化室。气体样品可以用注射进样,也可以用定量阀进样。液体样品用微量注射器进样。固体样品则要溶解后用微量注射器进样。样品进入汽化室后在一瞬间就被汽化,然后随载气进入色谱柱。根据分析样品的不同,汽化室温度可以在 50 ～

400 ℃任意设定。通常,汽化室的温度要比使用的最高柱温高 10~50 ℃,以保证样品全部汽化。进样量和进样速度会影响色谱柱效率。进样量过大,易造成色谱柱超负荷;进样速度慢,会使色谱峰加宽,影响分离效果。

(三)分离系统(主要是色谱柱)

试样中各组分的分离在色谱柱中进行,因此色谱柱是色谱仪的核心部分。色谱柱主要有填充柱和毛细管柱两类。

1. 填充柱

填充柱由柱管和固定相组成,柱管材料为不锈钢或玻璃,内径为 2~4 mm,长为 1~3 m。柱内装有固定相,固定相又包括固体固定相和液体固定相两种。

2. 毛细管柱

毛细管柱又叫空心柱,空心柱分涂壁空心柱、多孔层空心柱和涂载体空心柱。

涂壁空心柱是将固定液均匀地涂在内径 0.1~0.5 mm 的毛钢管内壁而成的。毛细管的材料可以是不锈钢、玻璃或石英。这种色谱柱具有渗透性好、传质阻力小等特点,因此柱子可以做得很长(一般几十米,最长可到 300 m)。和填充柱相比,其分离效率高,分析速度快,样品用量小。其缺点是样品负荷量小,因此经常需要采用分流技术,且柱的制备方法也比较复杂。

多孔层空心柱是在毛细管内壁适当沉积上一层多孔性物质,然后涂上固定液。这种柱容量比较大,渗透性好,因此有稳定、高效、快速等优点。

(四)检测系统

1. 热导检测器

热导检测器(Thermal Coductivity Detector,简称 TCD)是应用比较多的检测器,不论对有机物还是无机气体都有响应。热导检测器由热导池池体和热敏元件组成。热敏元件是两根电阻值完全相同的金属丝(钨丝或白金丝),作为两个臂接入惠斯顿电桥中,由恒定的电流加热。如果热导池只有载气通过,载气从两个热敏元件带走的热量相同,两个热敏元件的温度变化是相同的,其电阻值变化也相同,电桥处于平衡状态。如果样品混在载气中通过测量池,由于样号气和载气的热导系数不同,两边带走的热量不相等,热敏元件的温度和阻值也就会不同,从而使得电桥失去平衡,记录器上就有信号产生。这种检测器是一种通用型检测器。被测物质与载气的热导系数相差愈大,灵敏度也就愈高。此外,载气流量和热丝温度对灵敏度也有较大的影响。热丝工作电流增加 1 倍可使灵敏度提高 3~7 倍,但是热丝电流过高会造成基线不稳和缩短热丝的寿命。热导检测器结构简单、稳定性好,对有机物和无机气体都能进行分析,其缺点是灵敏度低。

2. 氢火焰离子化检测器

氢火焰离子化检测器(Flame Ionization Detector,简称 FID)简称氢焰检测器。它的主要部件是一个用不锈钢制成的离子室。离子室由收集极、极化极(发射极)、气体入口及火焰喷嘴组成。在离子室下部,氢气与载气混合后通过喷嘴,再与空气混合点火燃烧,形成氢火焰。无样品时两极间离子很少,当有机物进入火焰时,发生离子化反应,生成许多离子。在火焰上方的收集极和极化极所形成的静电场作用下,离子流向收集极形成离子流。离子流经放大、记录即得色谱峰。

有机物在氢火焰中离子化反应的过程如下:当氢和空气燃烧时,进入火焰的有机物发生高温裂解和氧化反应生成自由基,自由基又与氧作用产生离子。在外加电压作用下,这些离子形成离子流,经放大后被记录下来。所产生的离子数与单位时间内进入火焰的碳原子质量有关,因此氢焰检测器是一种质量型检测器。这种检测器对绝大多数有机物都有响应,其灵敏度比热导检测器要高几个数量级,易进行痕量有机物分析。其缺点是不能检测惰性气体、空气、水、CO、CO_2、NO、SO_2 等。

3. 电子捕获检测器

电子捕获检测器是一种选择性很强的检测器,它只对含有电负性元素的组分产生响应,因此这种检测器适于分析含有卤素、硫、磷、氮、氧等元素的物质。在电子捕获检测器内一端有一个多放射源作为负极,另一端有一正极。两极间加适当电压。当载气(N_2)进入检测器时,受多射线的辐照发生电离,生成的正离子和电子分别向负极和正极移动,形成恒定的基流。含有电负性元素的样品进入检测器后,就会捕获电子而生成稳定的负离子,生成的负离子又与载气正离子复合,结果导致基流下降。因此,样品经过检测器,会产生一系列的倒峰。电子捕获检测器是常用的检测器之一,其灵敏度高,选择性好。主要缺点是线性范围较窄。

三、气相色谱仪的安装和调试

(一)色谱仪的安装
1. 对色谱仪分析室的要求

(1)分析室周围不得有强磁场、易燃及强腐蚀性气体。

(2)室内环境温度应在 5～35 ℃,湿度小于等于85%(相对湿度),且室内应保持空气流通。有条件的最好安装空调。

(3)准备好能承受整套仪器,宽高适中,便于操作的工作平台。一般工厂以水泥平台较佳(高 0.6～0.8 m),平台不能紧靠墙,应离墙 0.5～1.0 m,便于接线及检修用。

(4)供仪器使用的动力线路容量应在 10 kVA 左右,而且仪器使用电源应尽可能不与大功率耗电量设备或经常大幅度变化的用电设备共用一条线。电源必须接地良好,一般在潮湿地面(或食盐溶液灌注)钉入长 0.5～1.0 m 的铁棒(丝),然后将电源接地点与之相连,总之要求接地电阻小于 1 Ω 即可。建议电源和外壳都接地,这样效果更好。

建议电源和外壳都接地,这样效果更好。

2. 气源准备及净化

1)气源准备

事先准备好需用气体的高压钢瓶,装某一种气体的钢瓶只能装这种气体,每个钢瓶的颜色代表一种气体,不能互换。一般用氮气、氢气、空气这三种气体,每种气体最好准备两个钢瓶,以备用。凡钢瓶气压下降到 1～2 MPa 时,应更换气瓶。电子捕获检测器必须使用高纯气源即纯度达 99.999% 以上。

2)气源净化

为了除去各种气体中可能含有的水分、灰分和有机气体成分,在气体进入仪器之前应先经过严格净化处理。若全部使用钢瓶气体,有的色谱仪附有净化器,且内已填有 5 Å 分子筛、活性炭、硅胶,基本可满足要求。若使用一般氢气发生器,则必须加强对水分的净化处理,因此应增大干燥管面积(体积在 450 cm³ 以上为好,填料用 5 Å 分子筛为佳),并在发生器后接容积较大的储器桶,以减少或克服气源压力波动时对仪器基线的影响。若使用空压机作为空气来源,空压机进气口应加强空气过滤,加大净化管体积,在干燥管内应填充一半5 Å分子筛、一半活性炭。一般国产无油气体压缩机可满足需要。

　　3. 色谱仪成套性检查及安放

　　仪器开箱后,按资料袋内附件清单,进行逐项清点,并将易损零件的备件予以妥善保存。然后按照仪器使用说明书上的要求,将其放置于工作平台上,并对着接线图和各插头、插座将仪器各部分连接起来,最后连接记录仪和数据处理机。注意各接头不要接错。

　　4. 外气路的连接

　　1)减压阀的安装

　　有的仪器随机带有减压阀,若没有则要购买。所用的是2只氧气减压阀、1只氢气减压阀。将2只氧气减压阀、1只氢气减压阀分别装到氮气、空气和氢气钢瓶上(注意氢气减压阀螺纹是反向的,并在接口处加上所附的O形塑料垫圈,以便密封),旋紧螺帽后,关闭减压阀调节手柄(旋松),打开钢瓶高压阀,此时减压阀高压表应有指示,关闭高压阀后,其指示压力不应下降,否则有漏,应及时排除(用垫圈或生料带密封),有时高压阀也会漏,要注意。然后旋动调节手柄将余气排掉。

　　2)外气路连接法

　　把钢瓶中的气体引入色谱仪中,有的采用不锈钢管($\phi 2 \times 0.5$ mm),有的采用耐压塑料管($\phi 3 \times 0.5$ mm)。采用塑料管容易操作,所以一般采用塑料管。若用塑料管,在接头处就要有不锈钢衬管($\phi 2 \times 20$ mm)和一些密封用的塑料等材料。从钢瓶到仪器的塑料管的长度视需要而定,不宜过长,然后用塑料管把气源和仪器(气体进口)连接起来。

　　3)外气路的检漏

　　把主机气路面板上载气、氢气、空气的阀旋钮关闭,然后开启各路钢瓶的高压阀,调节减压阀上低压表输出压力,使载气、空气压力为$0.35 \sim 0.6$ MPa($3.5 \sim 6.0$ kg/cm^3),氢气压力为$0.2 \sim 0.35$ MPa。然后关闭高压阀,此时减压阀上低压表指示值不应下降,如下降,则说明连接气路漏气,应予以排除。

　　5. 色谱仪气路气密性检查

　　气密性检查是一项十分重要的工作,若气路漏气,不仅直接导致仪器工作不稳定或灵敏度下降,而且还有发生爆炸的危险,因此在操作使用前必须进行这项工作(气密性检查一般是检查载气流路,氢气和空气流路若未拆动过,可不检查)。

　　方法是:打开色谱柱箱盖,把柱子从检测器上拆下,将柱口堵死,然后开启载气流路,调低压输出压力为$0.35 \sim 0.6$ MPa,打开主机面板上的载气旋钮,此时压力表应有指示。最后将载气旋钮关闭,半小时内其柱前压力指示值不应有下降,若有下降则有漏,应予以排除。若是主机内气路有漏,则拆下主机有关侧板,用肥皂水(最好是十二烷基磺酸钠溶液)逐个接头检漏(氢气、空气也可如此检漏),最后将肥皂水擦干。

　　(二)仪器的调试

　　把气路、仪器等按上述方法接好,安置好后,便可进行下面的检查和调试工作:色谱仪电路各部件检查仪器启动前应首先接通载气流路,调节主机面板上的载气旋钮(载气稳流阀),使载气流量为$20 \sim 30$ mL/min。

　　1. 启动主机

　　开启主机总电源开关,色谱柱箱内马达开始工作,检查是否有异样声响,若有,立即切断电源,并进一步检查排除。有的色谱仪启动时自诊断,显示仪器运转情况:正常或不正常,不正常显示哪一部分有问题,接线错误等。

2.各路温控检查

按照说明书,逐个对柱温(包括程序升温)、进样器温度、检测器温度进行恒温检查,是否能在高、中、低温度下保持恒定,特别是要求柱温温控精度达到0.01 ℃。

四、气相色谱仪的操作规程

(一)气相色谱仪简单操作流程

(1)逆时针方向开启载气钢瓶阀门,减压阀上高压压力表指示出高压钢瓶内储气压力。

(2)顺时针方向旋转减压调节螺杆,使低压压力表指示到要求的压力数。

(3)开启主机电源总开关,主机的触摸式荧光屏显示仪器正在自检,柱室内鼓风马达运转。

(4)打开与气相色谱仪连接的电脑,并运行气相色谱仪工作软件,待软件与仪器连接成功后,即可进行实验。

(5)在气相色谱仪工作软件里分别设定载气流量、检测器温度、进样口的温度、柱箱的初始温度及升温程序等。设定完后,各区温度开始朝设定值上升,当温度达到设定值时,Ready 灯亮。

(6)查看仪器基线是否平稳,待基线平直后,即可进样测试。

(7)实验完毕后,先关闭检测器电源,再停止加热,待色谱柱、进样口的温度降至80 ℃以下时,依次关闭色谱仪电源开关、计算机电源,最后关闭载气减压阀及总阀。

(8)登记仪器使用情况,做好实验室的整理和清洁工作,并检查好安全后,方可离开实验室。

(二)测试条件的设定

色谱条件的设定要根据不同化合物的不同性质选择柱子,一般情况下极性化合物选择极性柱,非极性化合物选择非极性柱。色谱柱柱温的确定主要由样品的复杂程度决定。对于混合物一般采用程序升温法。柱温的设定要同时兼顾高低沸点或熔点化合物。

一般测试化合物有两种方法:

(1)毛细管柱分流法。

样品直接进入色谱柱,不需稀释,进样量要少于0.1 μL。若为固体化合物,则尽可能用少量溶剂稀释,进样量为0.2~0.4 μL。

(2)大口径毛细管不分流法。

无论固体或液体,一定要稀释后,方可进样,进样量为0.2~0.4 μL。

气相色谱仪操作流程示意图如图5-1所示。

(三)注意事项

(1)操作过程中,一定要先通载气再加热,以防损坏检测器。

(2)在使用微量进样器取样时,要注意不可将进样器的针芯完全拔出,以防损坏进样器。

(3)检测器温度不能低于进样口温度,否则会污染检测器。进样口温度应高于柱温的最高值,同时化合物在此温度下不分解。

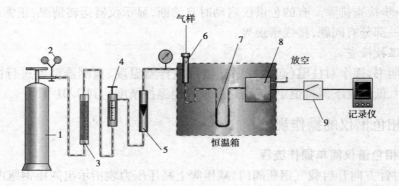

1—载气钢瓶；2—减压阀；3—干燥净化管；4—稳压阀；5—流量计；
6—汽化室；7—色谱柱；8—检测器；9—阻抗及放大器

图 5-1　气相色谱仪操作流程示意图

（4）含酸、碱、盐、水、金属离子的化合物不能分析，要经过处理方可进行。

（5）进样器所取样品要避免带有气泡，以保证进样重现性。

（6）取样前用溶剂反复洗针，再用要分析的样品至少洗 2~5 次，以避免样品间的相互干扰。

（7）直接进样品，要将注射器洗净后，将针筒抽干，避免外来杂质的干扰。

第四节　高效液相色谱仪

一、高效液相色谱法的产生

气相色谱法是一种很好的分离、分析方法，它具有分析速度快、分离效能好和灵敏度高等优点。但是，气相色谱法仅能分析在操作温度下能汽化而不分解的物质。据估计，在已知化合物中能直接进行气相色谱分析的化合物约占 15%，加上制成衍生物的化合物，也不过 20% 左右。对于高沸点化合物、难挥发及热不稳定的化合物、离子型化合物及高聚物等，很难用气相色谱法分析。为解决这个问题，20 世纪 70 年代初发展了高效液相色谱。高效液相色谱的原理与经典液相色谱相同，但是它采用了高效色谱柱、高压泵和高灵敏度检测器。因此，高效液相色谱的分离效率、分析速度和灵敏度大大提高。

二、高效液相色谱（HPLC）的分类

根据高效液相色谱（HPLC）的分离机制的不同，可以分为液—固吸附色谱、液—液分配色谱、离子交换色谱和凝胶渗透色谱四类。

（一）液—固吸附色谱

液—固吸附色谱的色谱柱内填充固体吸附剂，由于不同组分具有不同的吸附能力，因此流动相带着被测组分经过色谱柱时，各组分被分开。

（二）液—液分配色谱

液—液分配色谱的流动相和固定相都是液体。作为固定相的液体涂在惰性担体上，流动相与固定液不互溶。当带有被测组分的流动相进入色谱柱时，组分在两相间很快达到分

配平衡,由于各组分在两相间分配系数不同而彼此分离。以非极性溶液作流动相,极性物质作固定相的液—液色谱叫正相色谱;极性溶液作流动相,非极性物质作固定相的液—液色谱叫反相色谱。

(三)离子交换色谱

离子交换色谱的色谱柱内填充离子交换树脂,依靠样品离子交换能力的差别实现分离。离子色谱的固定相是离子交换树脂,离子交换树脂是苯乙烯—二乙烯基苯的共聚物。树脂核外是一层可离解的无机基团,由于可离解基团的不同,离子交换树脂又分为阳离子交换树脂和阴离子交换树脂。当流动相将样品带到分离柱时,由于样品离子对离子交换树脂的相对亲合能力不同而得到分离,由分离柱流出的各种不同离子,经检测器检测,即可得到一个个色谱峰。然后用通常的色谱定性、定量方法进行定性、定量分析。

离子色谱法是进行离子测定的快速、灵敏、选择性好的方法,它可以同时检测多种离子,特别是对阴离子的测定更是其他方法所不能相比的。如果说高频感应等离子光谱是同时测定多种元素的快速、准确的分析方法,那么同时测定多种阴离子的快速、灵敏的方法便是离子色谱法了。

(四)凝胶渗透色谱

凝胶渗透色谱是按试样中分子大小的不同来进行分离的。

在上述四类色谱中,应用最广泛的是液—液分配色谱,因此本节主要介绍液—液分配色谱。高效液相色谱的基本理论和定性、定量分析方法与气相色谱基本相同。

三、高效液相色谱仪的组成

高效液相色谱仪由输液系统、进样系统、分离系统、检测系统和数据处理系统组成。

(一)输液系统

高效液相色谱的输液系统包括流动相储存器、高压泵和梯度淋洗装置。

流动相储存器为不锈钢或玻璃制成的容器,可以储存不同的流动相。

高压泵是高效液相色谱仪最重要的部件之一。由于高效液相色谱仪所用色谱柱直径小,固定相粒度小,流动相阻力大,因此必须借助于高压泵使流动相以较快的速度流过色谱仪。高压泵需要满足以下条件:能提供 $150 \sim 450 \ kgf/cm^2$($1 \ kgf/cm^2 = 98.07 \ kPa$)的压强,流速稳定,流量可以调节,耐腐蚀。目前所用的高压泵有机械泵和气动放大泵两种。

梯度淋洗装置可以将两种或两种以上的不同极性溶剂,按一定程序连续改变组成,以达到提高分离效果、缩短分离时间的目的。它的作用与气相色谱中的程序升温装置类似。

梯度淋洗装置分为两类:一类叫外梯度装置;另一类叫内梯度装置。外梯度装置是流动相在常压下混合,靠一台高压泵压至色谱柱;内梯度装置是先将溶剂分别增压后,再由泵按程序压入混合室,注入色谱柱。

(二)进样系统

一般高效液相色谱多采用六通阀进样。先由注射器将样品在常压下注入样品环。然后切换阀门到进样位置,由高压泵输送的流动相将样品送入色谱柱。样品环的容积是固定的,因此进样重复性好。

(三)分离系统

分离系统包括色谱柱、连接管、恒温器等。色谱柱是高效液相色谱仪的心脏。它由内部

抛光的不锈钢管制成,一般长 10～50 cm,内径 2～5 mm,柱内装有固定相。液相色谱的固定相是将固定液涂在担体上而成的。担体有两类:一类是表面多孔型担体;另一类是全多孔型担体。

近年来又出现了全多孔型微粒担体。这种担体检度为 5～10 μm,是由纳米级的硅胶微粒堆积而成,又叫堆积硅珠。由于颗粒小,柱效高,所以是目前最广泛使用的一种担体。在高效液相色谱分析中,适当提高柱温可改善传质,提高柱效,缩短分析时间。因此,在分析时,可以采用带有恒温加热系统的金属夹套来保持色谱柱的温度。温度可以在室温到 60 ℃间调节。

(四)检测系统

高效液相色谱的检测器很多,最常用的有紫外检测器、示差折光检测器和荧光检测器等。

1. 紫外检测器

紫外检测器是液相色谱中应用最广泛的检测器,适用有紫外吸收物质的检测。在进行高效液相色谱分析的样品中,约有 80% 的样品可以使用这种检测器。紫外检测器的工作原理如下:由光源产生波长连续可调的紫外光或可见光,经过透镜和遮光板变成两束平行光,无样品通过时,参比池和样品池通过的光强度相等,光电管输出相同,无信号产生;有样品通过时,由于样品对光的吸收,参比池和样品池通过的光强度不相等,有信号产生。根据朗伯—比尔定律,样品浓度越大,产生的信号越大,这种检测器灵敏度高,检测下限约为 10^{-10} g/mL,而且线性范围广,对温度和流速不敏感,适于进行梯度洗脱。

2. 示差折光检测器

示差折光检测器是根据不同物质具有不同折射率来进行组分检测的。凡是具有与流动相折射率不同的组分,均可以使用这种检测器。如果流动相选择适当,可以检测所有的样品组分。示差折光检测器分为反射式和折射式两种。

反射式示差折光检测器是根据下述原理制成的:光在两种不同物质界面的反射百分率与入射角和两种物质的折射率成正比。如果入射角固定,光线反射百分率仅与这两种物质的折射率成正比。光通过仅有流动相的参比池时,由于流动相组成不变,故其折射率是固定的;光通过工作池时,由于存在待测组分而使折射率改变,从而引起光强度的变化,测量光强度的变化,即可测出该组分浓度的变化。

偏转式示差折光检测器是根据下述原理制成的:当一束光透过折射率不同的两种物质时,此光束会发生一定程度的偏转,其偏转程度正比于两物质折射率之差。

示差折光检测器的优点是通用性强,操作简便;缺点是灵敏度低,不能做痕量分析。此外,由于洗脱液组成的变化会使折射率变化很大,因此这种检测器也不适用于梯度洗脱。

3. 荧光检测器

物质的分子或原子经光照射后,有些电子被激发至较高的能级,这些电子从高能级跃至低能级时,物质会发出比入射光波长较长的光,这种光称为荧光。在其他条件一定的情况下,荧光强度与物质的浓度成正比。许多有机化合物具有天然荧光活性。另外,有些化合物可以利用柱后反应法或柱前反应法加入荧光化试剂,使其转化为具有荧光活性的衍生物。在紫外光激发下,荧光活性物质产生荧光,由光电倍增管转变为电信号。

荧光检测器是一种选择性检测器,它适合于稠环芳烃、氨基酸、胺类、维生素、蛋白质等荧光物质的测定。这种检测器灵敏度非常高,比紫外检测器高 2～3 个数量级,适合于痕量分析,而且可以用于梯度洗脱。其缺点是适用范围有一定的局限性。

HPLC 结构示意图见图 5-2。

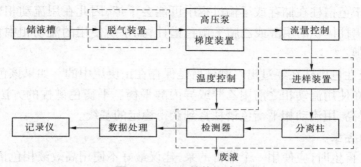

图 5-2　HPLC 结构示意图

四、高效液相色谱仪的操作流程及注意事项

(一)操作流程

(1)打开电脑;

(2)打开主机、预热;

(3)进入仪器工作站,联机并设定仪器使用方法及仪器参数;

(4)启动泵的动力系统预处理(排气等);

(5)检查是否漏液、柱压是否正常;

(6)设置仪器方法,包括仪器的使用条件等;

(7)激活操作方法,等待仪器平衡、基线平直;

(8)仪器出现"Ready"后可进行样品分析;

(9)操作测试结束后,清理所有实验材料,做好清洁卫生;

(10)记录仪器使用日志,并与管理员办理交接手续。

(二)注意事项

(1)高效液相色谱的流动相应采用色谱纯溶剂,以满足仪器要求、避免损坏色谱柱;

(2)严禁使用有污染的水等冲洗色谱柱,避免互不相溶的溶剂一同进入泵内;

(3)流动相需经过滤、除气后方可使用;

(4)待分析的样品必须彻底溶解、澄清、过滤,以避免堵塞、损坏色谱柱;

(5)分析完成后,须及时清洗色谱柱和检测器的比色池。

五、液相色谱柱使用注意事项及维护

(一)液相色谱柱使用注意事项

1.卡套柱的安装(加预柱)

将卡套架套入柱芯,将两片夹套片嵌入柱芯的凹槽,使夹套高于柱芯,将已套到柱芯上的卡套架向上推,直至高过夹套,将"子弹头"预柱放入卡套片内,将卡套帽和卡套架旋在一起,然后用手拧紧,接着以同样的顺序连接好柱子的另一端。

使用卡套柱时,两端的卡套应时刻连接在柱芯上。不管是平衡色谱柱还是清洗,任何时候都不能将卡套取下来,否则会造成填料的流失。

2. 平衡色谱柱

反相色谱柱在经过出厂测试后是保存在乙腈/水中的。一定确保所使用的流动相和乙腈/水互溶。由于色谱柱在储存或运输过程中可能会干掉,因此在用流动相分析样品之前,应使用 10~20 倍柱体积的甲醇或乙腈平衡色谱柱;如果所使用的流动相中含有缓冲盐,应注意用纯水"过渡"。

硅胶柱或极性色谱柱在经过出厂测试后是保存在正庚烷中的。如果该色谱柱需要使用含水的流动相,在使用流动相之前用乙醇或异丙醇平衡。平衡色谱柱的方法:平衡过程中,将流速缓慢地提高,用流动相平衡色谱柱直到获得稳定的基线。

3. 色谱柱的再生

进行色谱柱再生时,应使用一个廉价的泵,建议最好不使用高效液相色谱仪上的泵。

注意:在对 NH_2 改性的色谱柱进行再生时,由于 NH_2 可能以铵根离子的形式存在,因此应该在水洗后用 0.1 mol/L 的氨水冲洗,然后再用水冲洗至碱溶液完全流出。如果简单的有机溶剂/水的处理不能够完全洗去硅胶表面吸附的杂质,用 0.05 mol/L 稀硫酸冲洗非常有效。

(二)色谱柱的维护

(1)使用预柱保护分析柱(硅胶在极性流动相/离子性流动相中有一定的溶解度)。

(2)大多数反相色谱柱的 pH 稳定范围为 2~7.5,应尽量不超过该色谱柱的 pH 范围。

(3)避免流动相组成及极性的剧烈变化。

(4)流动相使用前,必须经脱气和过滤处理。

(5)如果使用极性或离子性的缓冲溶液作流动相,应在实验完毕后,将柱子冲洗干净,并保存在乙腈中。

(6)压力升高是需要更换预柱的信号。

第五节　原子吸收光谱仪

一、原子吸收光谱法

原子吸收光谱法(Atomic Absorption Spectrometry,简称 AAS)又称原子吸收分光光度法,是基于蒸气相中待测元素的基态原子对其共振辐射的吸收强度来测定试样中该元素含量的一种仪器分析方法。它是测定痕量和超痕量元素的有效方法。火焰原子吸收光谱法可测到 9~10 g/mL 数量级,石墨炉原子吸收法可测到 10~13 g/mL 数量级。其氢化物发生器可对 8 种挥发性元素汞、砷、铅、硒、锡、碲、锑、锗等进行微痕量测定。原子吸收光谱法具有灵敏度高,干扰较少,选择性好,操作简便、快速,结果准确、可靠,应用范围广,仪器比较简单,价格较低廉等优点,而且可以使整个操作自动化,因此近年来发展迅速,是应用广泛的一种仪器分析新技术。

它能测定几乎所有金属元素和一些类金属元素,此法已普遍应用于冶金、化工、地质、农业、医药卫生及生物等各部门,尤其在环境监测、食品卫生和生物机体中微量金属元素的测定中,应用日益广泛。

二、原子吸收光谱仪的组成

原子吸收光谱仪由光源、原子化器、分光系统和检测系统组成。

（一）光源

作为光源要求发射的待测元素的锐线光谱有足够的强度、背景小、稳定性高，一般采用空心阴极灯、无极放电灯。

（二）原子化器

原子化器可分为预混合型火焰原子化器、石墨炉原子化器、石英炉原子化器和阴极溅射原子化器。

1. 火焰原子化器

火焰原子化器由喷雾器、预混合室、燃烧器三部分组成。特点是操作简便、重现性好。

2. 石墨炉原子化器

石墨炉原子化器是一类将试样放置在石墨管壁、石墨平台、碳棒盛样小孔或石墨坩埚内用电加热至高温实现原子化的系统。其中，管式石墨炉是最常用的原子化器。原子化程序包括干燥、灰化、原子化、高温净化等步骤。

石墨炉原子化器具有的优点如下：

（1）原子化效率高：在可调的高温下试样利用率达100%。

（2）灵敏度高：检测限达$10^{-6} \sim 10^{-14}$级。

（3）试样用量少：适合难熔元素的测定。

3. 石英炉原子化器

石英炉原子化器是将气态分析物引入石英炉内在较低温度下实现原子化的一种方法，又称低温原子化法。它主要与蒸气发生（氢化物发生、汞蒸气发生和挥发性化合物发生）法配合使用。

4. 阴极溅射原子化器

阴极溅射原子化器是利用辉光放电产生的正离子轰击阴极表面，从固体表面直接将被测定元素转化为原子蒸气。

（三）分光系统（单色器）

分光系统（单色器）由凹面反射镜、狭缝或色散元件（棱镜或衍射光栅）组成，能够分出被测元素谱线（或共振线）。

（四）检测系统

检测系统由检测器（光电倍增管）、放大器、对数转换器和电脑组成。

AA9000火焰原子吸收光谱仪和AA9000石墨炉原子吸收光谱仪分别见图5-3、图5-4。

图5-3　AA9000火焰原子吸收光谱仪

图5-4　AA9000石墨炉原子吸收光谱仪

三、原子吸收光谱仪的操作流程

原子吸收光谱仪的操作流程如图 5-5 所示。

四、最佳条件的选择

(1)吸收波长分析线的选择。通常选用共振吸收线为分析线,测量高含量元素时,可选用灵敏度较低的非共振线为分析线。

(2)原子化工作条件的选择:①光路准直;②狭缝宽度的选择:不引起吸光度减少的最大狭缝宽度,即为选取的适合狭缝宽度。

(3)空心阴极灯工作条件的选择(包括预热时间、工作电流)。①预热时间:空心阴极灯使用前,在施加 1/3 工作电流的情况下,预热 0.5 ~ 1 h,并定期活化,可增加使用寿命;②工作电流:对大多数元素,日常分析的工作电流应保持为额定电流的 40% ~60% 较为合适,可保证稳定、合适的锐线光强输出。

(4)火焰燃烧器操作条件的选择(进样量、火焰类型、燃烧器的高度)。①进样量:在实际工作中,应测定吸光度随进样量的变化,达到最满意的吸光度的进样量,即为选择的进样量;②火焰类型的选择原则:对低、中温元素(易电离、易挥发)可使用低温火焰,对高温元素,使用氧化二氮 – 乙炔高温火焰。

(5)石墨炉最佳操作条件的选择(惰性气体、最佳原子化温度)。

(6)光谱通带的选择。

(7)检测器光电倍增管工作条件的选择。

五、原子吸收光谱法的优缺点

(一)优点

(1)检出限低,灵敏度高。

火焰原子吸收法的检出限可达到 10^{-9} 级,石墨炉原子吸收法的检出限可达到 10^{-14} ~ 10^{-10} 级。

(2)分析精度好。

火焰原子吸收法测定中等含量和高含量元素的相对标准差可小于 1% ,其准确度已接近于经典化学方法。石墨炉原子吸收法的分析精度一般为 3% ~5% 。

(3)分析速度快。

原子吸收光谱仪在 35 min 内能连续测定 50 个试样中的 6 种元素。

(4)应用范围广。

可测定的元素达 70 多种,不仅可以测定金属元素,也可以用间接原子吸收法测定非金属元素和有机化合物。

(5)仪器比较简单,操作方便。

(二)缺点

原子吸收光谱法的不足之处是多元素同时测定尚有困难,有相当一些元素的测定灵敏度还不能令人满意。

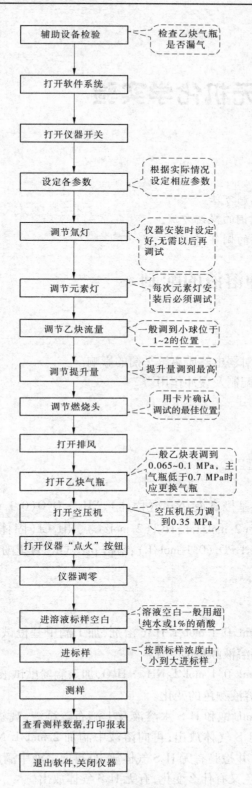

图 5-5　原子吸收光谱仪的操作流程

项目六　无机化学实验

1. 掌握缓冲溶液的配制方法。
2. 掌握氯化钠和硫酸铜的提纯方法。
3. 掌握明矾和氯化铵的制备方法。

实验一　缓冲溶液的配制

一、实验目的

(1) 掌握同离子效应对弱电解质离解平衡的影响。
(2) 学会缓冲溶液的配制及缓冲作用。

二、仪器及试剂

(一) 仪器
移液管 (10 mL)、试管。

(二) 试剂
HAc (0.1 mol/L)、甲基橙试液、NaAc (固体)、$NH_3 \cdot H_2O$ (0.1 mol/L)、酚酞试液、石蕊试液、醋酸铅试纸、NaOH (2 mol/L)、HCl (2 mol/L)、NH_4Cl (固体)、$MgCl_2$ (0.1 mol/L)、NaH_2PO_4 (0.1 mol/L)、Na_2HPO_4 (0.1 mol/L)、精密 pH 试纸、百里酚蓝指示剂。

三、实验内容

(一) 同离子效应
(1) 在试管中加入 1 mL 0.1 mol/L HAc 溶剂,加 1 滴甲基橙试液,观察溶剂的颜色;再加入少量固体 NaAc,观察溶液颜色的变化。

(2) 在试管中加入 1 mL 0.1 mol/L $NH_3 \cdot H_2O$,加 1 滴酚酞试液,观察溶液的颜色;再加入少量固体 NH_4Cl,观察溶液颜色的变化。

(3) 在试管中加入 2 mL 饱和 H_2S 水溶液及 1 滴石蕊试液,观察溶液的颜色,并用湿润的醋酸铅试纸检查有无 H_2S 气体放出;再向溶液中滴加 2 mol/L NaOH 溶液,至溶液呈碱性,观察溶液颜色的变化,并检验有无 H_2S 气体放出;再向溶液中滴加 2 mol/L HCl 溶液,至溶液呈酸性,观察溶液颜色又有什么变化,有无 H_2S 气体放出。

(4) 在试管中加入 2 mL 0.1 mol/L $MgCl_2$ 溶液,滴加 0.1 mol/L $NH_3 \cdot H_2O$,观察有什么

现象。在试管中加入少许 NH_4Cl 固体,观察又有什么变化。

解释上述现象。根据实验结果,总结同离子效应对弱电解质离解平衡的影响。

(二)缓冲溶液的配制

(1)用移液管分别取 7.5 mL 0.1 mol/L NaH_2PO_4 和 Na_2HPO_4 溶液置于一试管中,充分混合后用精密 pH 试纸(pH 范围为 6.5~8.5)测定所配缓冲溶液的 pH 并与理论值进行比较。

(2)用 0.1 mol/L HAc 和 0.1 mol/L NH_4Ac 溶液配制 pH=4.0 的缓冲溶液 10 mL(自行计算),用精密 pH 试纸(pH 范围为 3.8~5.4)测定所配缓冲溶液的 pH。

(三)缓冲溶液的性质

1.抗酸和抗碱作用

在 3 支试管中分别加入 4 mL 上面配制的两种缓冲溶液和蒸馏水,各加入 1 滴甲基橙指示剂,摇匀并记录溶液颜色,用广泛 pH 试纸测试其 pH。之后各加入 1 滴 1 mol/L HCl,观察各试管中的颜色变化,用广泛 pH 试纸测试其 pH。向盛有缓冲溶液的试管中继续滴加 1 mol/L HCl 至溶液颜色与盛水的试管一致时为止,记录再次加入 HCl 的滴数,将结果填入表 6-1 中。

分别取上述两种缓冲溶液及蒸馏水各 4 mL,以酚酞为指示剂,用 1 mol/L NaOH 按上述抗酸作用的实验操作步骤进行,验证缓冲溶液的抗碱作用,将有关数据填入表 6-1 中。

表 6-1 缓冲溶液抗酸、抗碱实验

组成	加 1 滴甲基橙		加 1 滴 HCl		继续加 HCl 滴数	加 1 滴 NaOH		继续加 NaOH 滴数
	颜色	pH	颜色	pH		颜色	pH	
$NaH_2PO_4 - Na_2HPO_4$								
HAc - NaAc								
H_2O								

2.抗稀释作用

在两支试管中各加入上面配制的 $NaH_2PO_4 - Na_2HPO_4$ 缓冲溶液 2 mL、4 mL,再向盛 2 mL 缓冲溶液的试管中加入 2 mL 水,混匀后加 1 滴百里酚蓝指示剂,比较两试管中颜色有无变化,解释实验现象。

四、思考题

(1)缓冲溶液的缓冲能力与哪些因素有关?

(2)在弱电解质溶液中加入含有相同离子的强电解质对弱电解质离解平衡有什么影响?

实验二 氯化钠的提纯

一、实验目的

(1)学习提纯食盐的原理和方法。

（2）掌握溶解、过滤、蒸发、浓缩、结晶、干燥等基本操作。

（3）了解 SO_4^{2-}、Ca^{2+}、Mg^{2+} 等离子的定性鉴定。

二、实验原理

粗食盐中的不溶性杂质（如泥沙等）可通过溶解和过滤的方法除去。粗食盐中的可溶性杂质主要是 Ca^{2+}、Mg^{2+}、K^+ 和 SO_4^{2-} 等，选择适当的试剂使它们生成难溶化合物的沉淀而被除去。

（1）在粗食盐溶液中加入过量的 $BaCl_2$ 溶液，除去 SO_4^{2-}：

$$Ba^{2+} + SO_4^{2-} = BaSO_4 \downarrow$$

过滤，除去难溶化合物和 $BaSO_4$ 沉淀。

（2）在滤液中加入 Na_2CO_3 溶液，除去 Mg^{2+}、Ca^{2+} 和沉淀 SO_4^{2-} 时加入的过量 Ba^{2+}：

$$Mg^{2+} + 2OH^- = Mg(OH)_2 \downarrow$$
$$Ca^{2+} + CO_3^{2-} = CaCO_3 \downarrow$$
$$Ba^{2+} + CO_3^{2-} = BaCO_3 \downarrow$$

过滤除去沉淀。

（3）溶液中过量的 Na_2CO_3 可以用盐酸中和除去。

（4）粗食盐中的 K^+ 和上述的沉淀剂都不起作用。由于 KCl 的溶解度大于 NaCl 的溶解度，且含量较少，因此在蒸发和浓缩过程中，NaCl 先结晶出来，而 KCl 则留在溶液中。

三、仪器与试剂

（一）仪器

托盘天平、烧杯、量筒、普通漏斗、漏斗架、布氏漏斗、吸滤瓶、蒸发皿、石棉网、酒精灯、药匙、滤纸。

（二）试剂

粗食盐、盐酸（6 mol/L）、HAc（2 mol/L）、NaOH（6 mol/L）、$BaCl_2$（6 mol/L）、Na_2CO_3（饱和）、$(NH_4)_2C_2O_4$（饱和）、镁试剂、pH 试纸。

四、实验步骤

（一）粗食盐的提纯

1. 粗食盐的称量和溶解

在托盘天平上称取 10 g 粗食盐，放在 100 mL 烧杯中，加入 40 mL 水，搅拌并加热使其溶解。

2. SO_4^{2-}、泥沙的除去

溶液沸腾时，在搅拌下逐滴加入 1 mol/L $BaCl_2$ 溶液至沉淀完全（约 2 mL）。继续小火加热 5 min，使 $BaSO_4$ 的颗粒长大而易于沉淀和过滤。沉淀完全后，用布氏漏斗进行减压过滤，保留滤液。

为了检验沉淀是否完全，可将烧杯从石棉网上取下，待沉淀下降后，取少量上层清液于试管中，滴加几滴 6 mol/L 盐酸溶液，再加几滴 1 mol/L $BaCl_2$ 溶液检验。

3. Mg^{2+}、Ca^{2+}、Ba^{2+} 等离子的除去

在滤液中加入 1 mL 6 mol/L NaOH 溶液和 2 mL 饱和 Na_2CO_3 溶液,溶液加热至沸,待沉淀沉降后,取少量上层清液放在试管中,滴加 Na_2CO_3 溶液,检查有无沉淀生成。如不再产生沉淀,用布氏漏斗进行减压过滤,保留滤液。

4. 调节溶液 pH

在滤液中逐滴加入 6 mol/L 盐酸溶液,充分搅拌,并用玻璃棒蘸取滤液在 pH 试纸上实验,直至溶液呈微酸性(pH 为 3~4)。

5. 蒸发浓缩

将滤液倒入蒸发皿中,用小火加热蒸发,浓缩至稀粥状的稠液为止,切不可将溶液蒸干。

6. 干燥称重

冷却后,用布氏漏斗过滤,尽量将结晶抽干。将晶体干燥后,称重,计算产率。

(二)产品纯度的检验

取粗食盐和精盐各 1 g,分别溶于 5 mL 蒸馏水中,将粗食盐溶液过滤。两种澄清溶液分别盛于 3 支小试管中,组成三组,对照检验它们的纯度。

1. SO_4^{2-} 的检验

在第一组溶液中分别加入 2 滴 6 mol/L 盐酸溶液,使溶液呈酸性,再加入 3~5 滴 1 mol/L $BaCl_2$ 溶液,如有白色沉淀,证明 SO_4^{2-} 存在,记录结果,进行比较。

2. Ca^{2+} 的检验

在第二组溶液中分别加入 2 滴 2 mol/L HAc 溶液使溶液呈酸性,再加入 3~5 滴饱和的 $(NH_4)_2C_2O_4$ 溶液。如有白色 CaC_2O_4 沉淀生成,证明 Ca^{2+} 存在。记录结果,进行比较。

3. Mg^{2+} 的检验

在第三组溶液中分别加入 3~5 滴 6 mol/L NaOH 溶液,使溶液呈碱性,再加入 1 滴镁试剂,若有天蓝色沉淀生成,证明 Mg^{2+} 存在。记录结果,进行比较。

镁试剂是一种有机染料,在碱性溶液中呈红色或紫色,但被 $Mg(OH)_2$ 沉淀吸附后,则呈天蓝色。

五、思考题

(1)在除去 Ca^{2+}、Mg^{2+}、SO_4^{2-} 时,为什么要先加入 $BaCl_2$ 溶液,然后再加入 Na_2CO_3 溶液?

(2)提纯后的食盐溶液浓缩时为什么不能蒸干?

(3)在除去 Ca^{2+}、Mg^{2+}、Ba^{2+} 等离子时,能否用其他可溶性碳酸盐代替 Na_2CO_3?

(4)在检验 SO_4^{2-} 时,为什么要加入盐酸溶液?

实验三　硫酸铜的提纯

一、实验目的

(1)通过氧化还原反应和水解反应,了解提纯硫酸铜的方法。

(2)练习托盘天平的使用以及过滤、蒸发、结晶等基本操作。

(3)使用精密 pH 试纸测试溶液的酸碱性。

二、实验原理

粗硫酸铜含有不溶性杂质和可溶性杂质 $FeSO_4$、$Fe_2(SO_4)_3$ 等,不溶性杂质用过滤法除去,可溶性杂质 $FeSO_4$ 需用 H_2O_2 或 Br_2 氧化为 Fe^{3+},然后调节溶液的 pH(pH = 3.5 ~ 4.0),使 Fe^{3+} 离子水解成为 $Fe(OH)_3$ 沉淀,再过滤除去。主要的反应式为

$$2FeSO_4 + H_2SO_4 + H_2O_2 = Fe_2(SO_4)_3 + 2H_2O$$

$$Fe^{3+} + 3H_2O = Fe(OH)_3 \downarrow + 3H^+$$

除铁离子后的滤液,用 KSCN 检验,没有 Fe^{3+} 离子存在,即可蒸发结晶。其他微量可溶性杂质在硫酸铜结晶时,仍留在母液中,过滤可与硫酸铜分离。

三、仪器与试剂

(一)仪器

托盘天平、研钵、布氏漏斗、吸滤瓶、漏斗和漏斗架、蒸发皿、滤纸、精密 pH 试纸。

(二)试剂

粗硫酸铜、盐酸(2 mol/L)、H_2SO_4(1 mol/L)、NaOH(2 mol/L)、$NH_3 \cdot H_2O$(6 mol/L)、KSCN(1 mol/L)、H_2O_2(3%)、精密 pH 试纸。

四、实验步骤

(一)粗硫酸铜的提纯

1. 称量和溶解

用台秤称取粗硫酸铜 4 g,放入洁净的 100 mL 烧杯中,加入蒸馏水 20 mL。然后将烧杯置于石棉网上加热,并用玻璃棒搅拌。当硫酸铜完全溶解时,立即停止加热。

大块的硫酸铜晶体应先在研钵中研细。每次研磨的量不宜过多。研磨时,不得用研棒敲击,应慢慢转动研棒,轻压晶体成细粉末。

2. 沉淀

往溶液中加入 3% H_2O_2 溶液 10 滴,加热,逐滴加入 0.5 mol/L NaOH 溶液至 pH = 3.5 ~ 4.0(用精密 pH 试纸检验),再加热片刻,放置,使红棕色 $Fe(OH)_3$ 沉降。

用精密 pH 试纸检验溶液的酸碱性时,应将小块试纸放在干燥清洁的表面皿上,然后用玻璃棒蘸取待检验溶液点在试纸上,切忌将试纸投入溶液中检验。

3. 过滤

将折好的滤纸放入漏斗中,用洗瓶挤出少量水润湿滤纸,使之紧贴在漏斗壁上。将漏斗放在漏斗架上,趁热过滤硫酸铜溶液,滤液接收在洁净的蒸发皿中。从洗瓶中挤出少量水洗涤烧杯及玻璃棒,洗涤水也应全部滤入蒸发皿中。

过滤后的滤纸及残渣投入废液缸中。

4. 蒸发和结晶

在滤液中滴入 2 滴 1 mol/L H_2SO_4 溶液,使溶液酸化,然后放在石棉网上加热,蒸发浓缩(切勿加热过猛,以免液体溅失)。当溶液表面刚出现一层极薄的晶膜时,停止加热。静置冷却至室温,使 $CuSO_4 \cdot 5H_2O$ 充分结晶析出。

5.减压过滤

将蒸发皿中 $CuSO_4 \cdot 5H_2O$ 晶体用玻璃棒全部转移到布氏漏斗中,抽气减压过滤,尽量抽干,并用干净的玻璃棒轻轻挤压布氏漏斗上的晶体,尽可能除去晶体间夹的母液。停止抽气过滤,将晶体转到已备好的干净滤纸上,再用滤纸尽量吸干母液,然后将晶体用台秤称量,计算产率。将晶体倒入硫酸铜回收瓶中。

(二)硫酸铜纯度检验

(1)取粗硫酸酮1 g置于小烧杯中,加5 mL H_2O 溶解,再加入10滴1 mol/L H_2SO_4 溶液酸化,然后再加入 1 mL 3% H_2O_2,煮沸片刻,溶液冷却后,在搅拌下逐滴滴加 6 mol/L $NH_3 \cdot H_2O$ 溶液,直至最初生成的蓝色沉淀完全溶解,溶液呈深蓝色为止。此时 Fe^{3+} 转化为 $Fe(OH)_3$ 沉淀,而 Cu^{2+} 则转化为配离子 $[Cu(NH_3)_4]^{2+}$。反应方程式为

$$Fe^{3+} + 3NH_3 \cdot H_2O = Fe(OH)_3 \downarrow + 3NH_4^+$$

$$2CuSO_4 + 2NH_3 \cdot H_2O = Cu_2(OH)_2SO_4 \downarrow (蓝色) + (NH_4)_2SO_4$$

$$Cu_2(OH)_2SO_4 + (NH_4)_2SO_4 + 6NH_3 \cdot H_2O = 2[Cu(NH_3)_4]SO_4 + 8H_2O$$

(2)用普通漏斗过滤,并用滴管将 1 mol/L $NH_3 \cdot H_2O$ 溶液滴到滤纸上洗涤沉淀,直到蓝色洗去为止(滤液可弃去),此时 $Fe(OH)_3$ 黄色沉淀留在滤纸上。

(3)用滴管把 3 mL 热的 2 mol/L HCl 溶液滴在滤纸上,以溶解 $Fe(OH)_3$。如果一次不能完全溶解,可将滤下的滤液加热,再滴到滤纸上。

(4)在滤纸中滴入 2 滴 1 mol/L KSCN 溶液,观察血红色的产生。Fe^{3+} 越多,血红色越深,因此根据血红色的深浅可以比较 Fe^{3+} 的多少。保留此血红色溶液与(5)中的实验作比较。

$$Fe^{3+} + nSCN^- = [Fe(SCN)_n]^{3-n}$$

(5)称取 1 g 提纯后的 $CuSO_4$ 重复上面的操作,比较两种溶液血红色的深浅,评定产品的纯度。

五、思考题

(1)除去 Fe^{3+} 时,为什么要调节 pH = 3.5 ~ 4.0? pH 过高对实验有何影响?

(2)提纯后的硫酸铜溶液中,为什么用 1 mol/L 的硫酸溶液进行酸化,且 pH 调节到 1.0 ~ 2.0?

(3)检验硫酸铜纯度时,为什么用氨水洗涤 $Fe(OH)_3$,且洗到蓝色没有为止?

(4)哪些常见氧化剂可以将 Fe^{2+} 氧化为 Fe^{3+}? 实验中选用 H_2O_2 作为氧化剂有什么优点? 还可以选用什么物质作为氧化剂?

(5)调节溶液 pH 为什么常用稀酸、稀碱? 除酸碱外,还可以选用哪些物质? 选用的原则是什么?

实验四　明矾的制备

一、实验目的

(1)了解明矾的制备方法。

（2）认识铝和氢氧化铝的两性。

（3）练习和掌握溶解、过滤、结晶以及沉淀的转移和洗涤等无机制备中常用的基本操作。

二、实验原理

铝屑溶于浓氢氧化钠溶液，可生成可溶性的四羟基合铝酸钠 $Na[Al(OH)_4]$，再用稀 H_2SO_4 调节溶液的 pH，将其转化为氢氧化铝，使氢氧化铝溶于硫酸生成硫酸铝。硫酸铝能同碱金属硫酸盐如 K_2SO_4 在水溶液中结合成一类在水中溶解度较小的同晶的复盐，此复盐称为明矾 $[KAl(SO_4)_2·12H_2O]$。当冷却溶液时，明矾则以大块晶体结晶出来。

制备中的化学反应如下：

$$2Al + 2NaOH + 6H_2O = 2Na[Al(OH)_4] + 3H_2\uparrow$$
$$2Na[Al(OH)_4] + H_2SO_4 = 2Al(OH)_3\downarrow + Na_2SO_4 + 2H_2O$$
$$2Al(OH)_3 + 3H_2SO_4 = Al_2(SO_4)_3 + 6H_2O$$
$$Al_2(SO_4)_3 + K_2SO_4 + 24H_2O = 2KAl(SO_4)_2·12H_2O$$

三、仪器与试剂

（一）仪器

烧杯、量筒、普通漏斗、布氏漏斗、抽滤瓶、表面皿、蒸发皿、恒温水浴锅、托盘天平等。

（二）试剂

H_2SO_4 溶液（3 mol/L）、NaOH(s)、K_2SO_4(s)、铝屑、pH 试纸。

四、实验步骤

（一）制备 $Na[Al(OH)_4]$

在托盘天平上用表面皿快速称取固体氢氧化钠 2 g，迅速将其转移至 250 mL 的烧杯中，加 40 mL 水温热溶解。称量 1 g 铝屑，切碎，分次放入溶液中。将烧杯置于热水浴中加热（反应激烈，防止溅出）。反应完毕后，趁热用普通漏斗过滤。

（二）氢氧化铝的生成和洗涤

在上述四羟基合铝酸钠 $Na[Al(OH)_4]$ 溶液中加入 8 mL 左右的 3 mol/L H_2SO_4 溶液，使溶液的 pH 为 8~9（应充分搅拌后，再检验溶液的酸碱性）。此时溶液中生成大量的白色氢氧化铝沉淀，用布氏漏斗抽滤，并用热水洗涤沉淀，洗至溶液 pH 为 7~8 时为止。用热水洗涤氢氧化铝沉淀一定要彻底，以免产品不纯。

（三）明矾的制备

将抽滤后所得的氢氧化铝沉淀转入蒸发皿中，加 10 mL 1:1 H_2SO_4 溶液，再加 15 mL 水，小火加热使其溶解，加入 4 g 硫酸钾继续加热至溶解，将所得溶液在空气中自然冷却，待结晶完全后，减压过滤，用 10 mL 1:1 的水-酒精混合溶液洗涤晶体两次；将晶体用滤纸吸干、称重、计算产率。

另取少量产品配成溶液,设法证实溶液中存在 Al^{3+}、K^+ 和 SO_4^{2-}。

五、思考题

(1)本实验是在哪一步中除掉铝中的铁杂质的?

(2)用热水洗涤氢氧化铝沉淀时,是除去什么离子?

(3)制得的明矾溶液为何采用自然冷却得到结晶,而不采用骤冷的办法?

实验五　氯化铵的制备

一、实验目的

(1)运用已学过的溶解和结晶等知识,以食盐和硫酸铵作为原料,自行制订制备氯化铵的实验方案。

(2)巩固实验室的一些基本操作,如称量、加热、浓缩、过滤(常压、减压等)。

(3)观察和验证盐类的溶解度与温度的关系。

二、实验原理

本实验用氯化钠和硫酸铵来制备氯化铵,反应式如下:

$$2NaCl + (NH_4)_2SO_4 = Na_2SO_4 + 2NH_4Cl$$

溶液中同时存在氯化钠、硫酸铵、氯化铵、硫酸钠四种盐。根据各物质的溶解度及其受温度的影响不同的原理,采取加热、蒸发、冷却等措施,使溶解晶体转化,从而达到分离的目的。

以上四种盐在不同温度下的溶解度见图 6-1 和表 6-2。

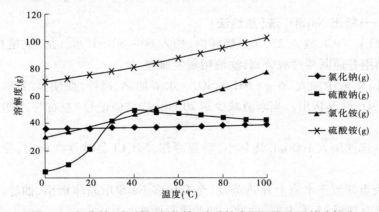

图 6-1　氯化钠、硫酸钠、氯化铵、硫酸铵在不同温度下的溶解度

表 6-2　　氯化钠、硫酸铵、氯化铵、硫酸钠在不同温度下的溶解度

盐	溶解度(g)										
	0 ℃	10 ℃	20 ℃	30 ℃	40 ℃	50 ℃	60 ℃	70 ℃	80 ℃	90 ℃	100 ℃
氯化钠	35.7	35.8	36	36.2	36.5	36.8	37.3	37.6	38.1	38.6	39.2
硫酸钠	4.7	9.1	20.4	41	49.7	48.2	46.7	45.2	44.1	43.3	42.7
氯化铵	29.7	33.3	37.2	41.4	45.8	50.4	55.2	60.2	65.6	71.3	77.3
硫酸铵	70.6	73	75.4	78	81	84.8	88	91.6	95.3	99.2	103.3

由表 6-2 和图 6-1 可知,氯化铵、氯化钠、硫酸铵在水中的溶解度均随温度的升高而增加,但是氯化钠的溶解度随温度的变化影响不大。硫酸铵的溶解度无论在低温还是高温都是最大的。硫酸钠的溶解度有一转折点。$Na_2SO_4 \cdot 10H_2O$ 的溶解度也随温度升高而增加,但达到 32.4 ℃时脱水变成 Na_2SO_4。Na_2SO_4 的溶解度随温度的升高而减小。所以,只要把氯化钠、硫酸铵溶于水,加热蒸发,Na_2SO_4 就会结晶析出,趁热过滤。然后再将滤液冷却,NH_4Cl 晶体随温度下降逐渐析出,在 35 ℃左右抽滤,即得 NH_4Cl 产品。

三、仪器与试剂

(一)仪器

托盘天平、烧杯、量筒、普通漏斗、布氏漏斗、减压过滤装置、表面皿、蒸发皿、酒精灯、恒温水浴锅。

(二)试剂

$NaCl(s)$、$(NH_4)_2SO_4$、蒸馏水。

四、实验步骤

(一)方案一:析出 Na_2SO_4 法(加热法)

(1)称取 23 g NaCl,放入 250 mL 烧杯内,加入 60～80 mL 水。加热、搅拌,使之溶解。若有不溶物,则用普通漏斗过滤分离,滤液用蒸发皿盛。

(2)在 NaCl 溶液中加入 26 g $(NH_4)_2SO_4$。水浴加热、搅拌,促使其溶解。在浓缩过程中,有大量 Na_2SO_4 结晶析出。当溶液减少到 70 mL(提前做记号)左右时,停止加热,并趁热抽滤。

(3)将滤液迅速倒入 100 mL 烧杯中,静置冷却,NH_4Cl 晶体逐渐析出,冷却至 35 ℃左右,抽滤。

(4)把滤液重新置于水浴上加热蒸发,至有较多 Na_2SO_4 晶体析出,抽滤。倾出滤液于小烧杯中,静置冷却至 35 ℃左右抽滤。如此重复两次。

(5)把三次所得的 NH_4Cl 晶体合并,一起称重,计算收率(将三次所得的副产品 Na_2SO_4 合并称重)。

(6)产品的鉴定:取 1 g NH_4Cl 产品,放于一干燥试管的底部,加热。NH_4Cl 杂质含量的计算公式为

$$\text{NH}_4\text{Cl 中杂质含量} = \frac{(m_{\text{灼烧后}} - m_{\text{空试管}})\text{g}}{1\text{ g}} \times 100\%$$

（二）方案二：析出 $\text{Na}_2\text{SO}_4 \cdot 10\text{H}_2\text{O}$ 法（冰冷法）

（1）称取 23 g NaCl，放入 250 mL 烧杯内，加入约 90 mL 水。加热、搅拌，使之溶解。若有不溶物，则用普通漏斗过滤分离。

（2）在 NaCl 溶液中加入 26 g（NH_4）$_2\text{SO}_4$。水浴加热、搅拌，促使其溶解。

（3）用冰冷却到 0～10 ℃，加入少量 $\text{Na}_2\text{SO}_4 \cdot 10\text{H}_2\text{O}$ 作为晶种，并不断搅拌，至有大量 $\text{Na}_2\text{SO}_4 \cdot 10\text{H}_2\text{O}$ 晶体析出时，立即抽滤。

（4）将滤液转入蒸发皿中，水浴、蒸发、浓缩至有少量晶体析出，静置冷却，NH_4Cl 晶体逐渐析出，冷却至 35 ℃左右，抽滤。

（5）把所得的 NH_4Cl 晶体称重，计算收率。将所得的副产品 $\text{Na}_2\text{SO}_4 \cdot 10\text{H}_2\text{O}$ 也称重。

（6）产品的鉴定：

取 1 g NH_4Cl 产品，放于一干燥试管的底部，加热。NH_4Cl 中杂质含量计算公式为

$$\text{NH}_4\text{Cl 中杂质含量} = \frac{(m_{\text{灼烧后}} - m_{\text{空试管}})\text{g}}{1\text{ g}} \times 100\%$$

五、注意事项

（1）用水溶解的溶质质量较多时，溶液体积与水的体积不等。

（2）加热法：水量 60～80 mL 即可，浓缩时要提前做好记号，浓缩不能过度，以防 NaCl、（NH_4）$_2\text{SO}_4$ 析出，趁热抽滤时要预热仪器。多次浓缩分离（NH_4）$_2\text{SO}_4$ 与 NH_4Cl。

（3）冰冷法：水量 75～90 mL（$\text{Na}_2\text{SO}_4 \cdot 10\text{H}_2\text{O}$ 析出耗水）。冷却过程中要不断剧烈搅拌（因为结晶过程放出大量热量），形成过饱和溶液时未能结晶的话，可加 $\text{Na}_2\text{SO}_4 \cdot 10\text{H}_2\text{O}$ 作晶种。为保证分离效果，在温度降至 10 ℃以下时，最好能保持 1 h 左右。

（4）以上 2 种方法中，"冰冷法"分离效果好，但速度慢。

（5）加热浓缩时要注意不断搅拌。

（6）NH_4Cl 与副产品均回收。

项目七　有机化学实验

学习目标

1. 掌握乙酰苯胺重结晶的方法。
2. 掌握固体熔点的测定方法。
3. 掌握环己烯、β-萘乙醚的制备方法。
4. 掌握制备肥皂的方法。

实验一　乙酰苯胺重结晶法提纯

做本实验前,认真阅读重结晶与过滤的内容,并通过查阅有关资料了解乙酰苯胺的物理性质。

(1)乙酰苯胺在水中的溶解度见表7-1。

表 7-1　乙酰苯胺在水中的溶解度

温度(℃)	20	25	50	80	100
溶解度(g)	0.46	0.56	0.84	3.45	5.5

(2)本实验中水的用量以控制在80 ℃时形成饱和溶液为宜。

(3)乙酰苯胺用水重结晶,当溶液沸腾时,往往仍有未溶解的油珠,只要再加入少量水继续加热,油珠即可消失。

一、实验目的

(1)了解利用重结晶提纯固体有机物的原理和方法。
(2)初步掌握溶解、加热、保温过滤和减压过滤等基本操作。

二、实验原理

乙酰苯胺为白色片状晶体,熔点为114.3 ℃,本实验利用它在水中的溶解度随温度变化差异较大的特点(如20 ℃时为0.46 g,100 ℃时为5.5 g),将粗乙酰苯胺溶于沸水中并加活性炭脱色,不溶解杂质与活性炭在热过滤时除去,可溶性杂质在冷却后,乙酰苯胺析出结晶时留在母液中,从而达到提纯乙酰苯胺的目的。

三、仪器与试剂

(一)仪器

烧杯(200 mL)、锥形瓶(250 mL)、布氏漏斗、减压过滤装置、托盘天平、表面皿。

（二）试剂

活性炭、乙酰苯胺（粗品）。

四、实验装置

乙酰苯胺重结晶的实验装置见图7-1。

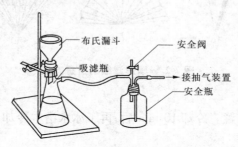

图7-1　乙酰苯胺重结晶的实验装置

五、实验步骤

（一）热溶解

用托盘天平称取2 g乙酰苯胺粗品，放入250 mL三角烧瓶中，加入60 mL水，在石棉网上加热至微沸，不断搅拌，使乙酰苯胺完全溶解。如不能全溶可补加适量的水，若未溶解的为不溶性杂质，可不必加水。

（二）脱色

将溶液离开热源，加入5 ml冷水❶，再加入0.1 g活性炭，稍加搅拌后，继续煮沸5 min。

（三）热过滤

将保温漏斗固定在铁架台上，夹套中充满热水，并在侧管处用酒精灯加热。将折叠好的扇形滤纸放入漏斗中，当夹套中的水接近沸腾（发出响声）时，迅速将混合液倾入漏斗中趁热过滤。滤液用洁净的烧杯接收。待所有溶液过滤完毕后，用少量热水洗涤锥形瓶和滤纸。

扇形滤纸的折叠方法如图7-2所示：

（1）将圆形滤纸对折成半圆，再对折成圆的1/4，展开后得折痕1－2、2－3和2－4（见图7-2（a））。

（2）以1对4折出6，3对4折出5，6对4折出8，5对4折出7，1对6折出10，3对5折出9（见图7-2（b））。

（3）在每两个折痕间向相反方向对折一次（见图7-2（c）），展开后呈双层扇面形（见图7-2（d））。

（4）拉开双层，在1和3处各向内折叠一个小折面（见图7-2（e）），即可放入漏斗中使用。

注意：折叠时，折纹不要压至滤纸的中心处，以免多次压折造成磨损，过滤时容易破裂透滤。

---

❶　此时加入冷水，可以降低溶液温度，便于加入活性炭，又可补充煮沸时蒸发的溶剂，防止热过滤时结晶在滤纸上析出。

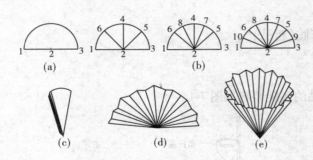

图7-2　扇形滤纸的折叠方法

（四）结晶

所得滤液在室温下静置。冷却 10 min 后,再于冰水浴中冷却 15 min,以使结晶完全。

（五）抽滤

待结晶析出完全后,减压过滤,用玻璃塞挤压晶体,尽量将母液抽干。暂时停止抽气,用 10 mL 冷水分两次洗涤晶体,并重新压紧、抽干。

减压抽滤前,需检查整套装置的严密性,布氏漏斗下端斜口要正对着吸滤瓶的侧管,放入的布氏漏斗中的滤纸,应剪成比漏斗内径略小一些的圆形,以能全部覆盖漏斗滤孔为宜。不能剪得比内径大;否则,滤纸周边会起皱褶。抽滤时,晶体就会从皱褶的缝隙被抽入滤瓶,造成透滤。

抽滤时,先用同种溶剂将滤纸润湿,打开减压泵,将滤纸吸住,使其紧贴在布氏漏斗底面上,以防晶体从滤纸边沿被吸入瓶内。

（六）干燥

将晶体转移至表面皿上,摊开呈薄层,自然晾干或于 100 ℃ 以下烘干。

（七）称量

干燥后,称量质量并计算产率。产品留作测熔点用。

六、注意事项

（1）不可向正在加热的溶液中投入活性炭,以防引起暴沸!

（2）热过滤时,不要将溶液一次全倒入漏斗中,可分几次加入。此时,锥形瓶中剩下的溶液应继续加热,以防降温后析出晶体。

（3）热过滤的准备工作应事先做好。向保温漏斗的夹套中注入水时,应用干布垫手扶持,小心操作,以防烫伤。

七、思考题

（1）为什么可用水作为溶剂,对乙酰苯胺进行重结晶提纯?

（2）重结晶时,为什么要加入稍过量的溶剂?

（3）热过滤时,若保温漏斗夹套中的水温不够高,会有什么结果?

（4）若布氏漏斗中的滤纸剪裁不当,会对实验有什么影响?

（5）减压过滤时,不停止抽气就进行洗涤可以吗?为什么?

实验二　固体熔点的测定

一、实验目的

（1）了解熔点测定的意义。

（2）掌握毛细管法测定固体熔点的操作方法。

二、实验原理

通常当结晶物质加热到一定的温度时，即从固态转变为液态，此时的温度为该化合物的熔点，或者说，熔点应为固液两态在大气压力下成平衡时的温度。纯固体有机化合物一般都有它固定的熔点。常用熔点测定法来鉴定纯固体有机化合物。纯化合物开始熔化至完全熔化（初熔至全熔）的温度范围叫熔程。温度一般不超过 0.5 ~ 1 ℃。如该化合物含有杂质，其熔点往往偏低，且熔程也较长。所以，根据熔程长短可判别固体化合物的纯度。

在鉴定未知物时，如果测得其熔点与某已知物的熔点相同（或相近），并不能就此完全确认为同一化合物，如尿素和肉桂酸的熔点都是 133 ℃，这时，可将二者混合，测该混合物的熔点，若熔点不变，则可认为是同一物质；否则，为不同物质。

三、仪器与试剂

（一）仪器

提勒管、熔点管、温度计（200 ℃）、玻璃管（40 cm）、表面皿、玻璃钉。

（二）试剂

萘、苯甲酸、甘油、未知物（可用尿素、肉桂酸、乙酰苯胺等）。

四、实验步骤

（一）测定萘的熔点

1. 填装样品

取 0.1 g 萘，放在洁净、干燥的表面皿上，用玻璃钉仔细研磨成粉末状后聚成一小堆。将熔点管开口端向下插入粉末中，然后把熔点管开口端向上，轻轻地在桌面上敲击，以使粉末落入和填紧管底。或者取一支长 30 ~ 40 cm 的玻璃管，垂直于一干净的表面皿上，将熔点管从玻管上端自由落下，可更好地达到上述目的，为了使管内装入高 2 ~ 3 mm 紧密结实的样品，一般需如此重复数次。沾于管外的粉末须拭去，以免沾污加热浴液。要测得准确的熔点，样品一定要研得极细、装得密实，使热量的传导迅速均匀。

2. 安装仪器

将熔点管固定在温度计上，样品位于温度计水银球中部。在提勒管中装入甘油，液面与上侧管平齐即可。将附有熔点管的温度计安装在提勒管中两侧管之间。将提勒管固定在铁架台上，高度以酒精灯火焰可对侧管处加热为准。提勒管式熔点测定装置如图 7-3 所示。

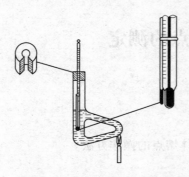

图 7-3　提勒管式熔点测定装置

注意:温度计刻度值应置于塞子开口侧并朝向操作者。熔点管应附在温度计侧面而不能在正面或背面,以便于观察。

3.加热测熔点

用酒精灯在侧管底部加热。当温度升至近 70 ℃时,移动酒精灯,使升温速度减慢至约 1 ℃/min,当接近 80 ℃时,将酒精灯移至侧管边缘上缓慢加热,使温度上升得更慢些(约 0.5 ℃/min)。注意观察熔点管中样品的变化,当发现样品出现潮湿(或塌陷)时,表明固体开始熔化(初熔),记录初熔温度。当固体完全熔化,呈透明状态时,记录全熔温度。这两个温度之间的范围就是该化合物的熔程。样品全熔后,撤离并熄灭酒精灯。待温度下降10 ℃以上后,取出温度计,将熔点管弃去,换上另一支盛有样品的熔点管,重复测定 1 次。

(二)测定乙酰苯胺的熔点

取第一次实验精制的乙酰苯胺 0.1 g,在洁净、干燥的表面皿上研细后,填装两支熔点管,用与测定萘相同的方法测其熔点。记录结果,并据此检测乙酰苯胺的纯度。

(三)测定未知样品的熔点

向教师领取未知样品一份,在洁净、干燥的表面皿上研细后,填装三支熔点管,用与测定萘和乙酰苯胺相同的方法测定其熔点。其中第一次可较快升温,粗测一次,得到粗略熔点后,再精测两次。

根据所测熔点,推测可能的化合物,并向教师索取该化合物。测定此化合物熔点,若与未知样品熔点相同,再将其与未知样品混合后,测定混合后物质的熔点,以确认测定结果。

五、注意事项

(1)样品研磨得越细越好,否则装入熔点管时有空隙,会使溶程增大,影响测定结果。

(2)固定熔点管的橡胶圈不可浸没在溶液中,以免被溶液溶胀而使熔点管脱落。

(3)测定结束后,温度计需冷却至接近室温方可洗涤;浴液也应冷却至室温后再倒回试剂瓶中,否则将可能造成温度计或试剂瓶炸裂!

(4)甘油黏度大,挂在壁上的流下后就可使液面超过侧管。另外,加热后,其热膨胀也会使液面增高。

(5)由于两侧管内浴液的对流循环作用,使提勒管中部温度变化较稳定,熔点管在此位置受热较均匀。

（6）已测定过熔点的样品，经冷却后，虽然已固化，但也不能再用作第二次测定。因为有些物质受热后，会发生部分分解，还有些物质会转变成不同熔点的其他结晶形式。

六、思考题

（1）测定熔点时，为什么要用热浴间接加热？

（2）为什么说通过测定熔点可检验有机物的纯度？

（3）如果测得一未知物的熔点与某已知物的熔点相同，是否可就此确认它们为同一化合物？为什么？

■ 实验三　环己烯的制备

一、实验目的

（1）了解消除反应原理，掌握环己烯的制法。

（2）掌握分馏装置的安排和操作。

（3）熟练掌握蒸馏、液态有机物的洗涤与干燥、分液漏斗的使用等技术。

二、实验原理

环己烯为无色透明液体，沸点为 83 ℃，不溶于水，溶于乙醇、乙醚等。它是重要的有机化工原料，可用于聚酯材料、医药、食品、农用化学品及精细化工产品的生产。

本实验以环己醇为原料，在磷酸催化下发生脱水反应制取环己烯，反应方程式为

$$\text{〇—OH} \xrightleftharpoons{85\% \, H_3PO_4} \text{〇} + H_2O$$

烯烃的化学性质活泼，为防止产物在酸性介质中长时间受热发生变化，采用分馏装置将反应生成的环己烯及时蒸出。

三、仪器与试剂

（一）仪器

电热套（或水浴锅与电炉）、蒸馏装置、分馏装置、分液漏斗。

（二）试剂

饱和氯化钠溶液、磷酸溶液（85%）、环己醇（化学纯）、氯化钙。

四、实验装置

分馏装置如图 7-4 所示，蒸馏装置如图 7-5 所示。

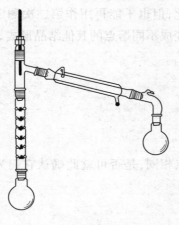

图 7-4　分馏装置

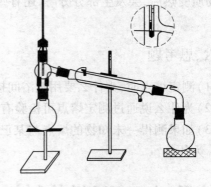

图 7-5　蒸馏装置

五、实验步骤

（一）消除反应

将 10 mL(9.6 g)环己醇置于干燥的 50 mL 圆底烧瓶中,加入 5 mL 磷酸溶液和几粒沸石,摇匀。参照图 7-4 安装分馏装置。电热套加热,缓慢升温至沸腾,控制分馏柱顶部的温度不超过 90 ℃。收集馏分,当烧瓶中只剩下很少量的残液并出现阵阵白雾时,即可停止蒸馏。全部蒸馏时间约需 40 min。

（二）洗涤

将馏出液移至分液漏斗中,静置后分去下层水。油层用 5 mL 饱和氯化钠溶液洗涤后,分去水层。

（三）干燥

将粗产品倒入干燥的小锥形瓶,加入 1 ~ 2 g 无水氯化钙,振摇至澄清透明后,静置干燥约 20 min。

（四）蒸馏

将产品滤入干燥的 50 mL 圆底烧瓶中,参照图 7-5 安装蒸馏装置,用电热套或水浴加热蒸馏,收集 81 ~ 85 ℃馏分。称量产品质量并计算产率。

六、注意事项

（1）环己烯为中等毒性易燃液体,应避免明火,并防止将其蒸气吸入体内!

（2）环己醇与磷酸应充分混合,否则在加热过程中可能会局部碳化,使溶液变黑。

（3）脱水剂可以是磷酸或硫酸。磷酸的用量必须是硫酸的 1 倍以上,但其较用硫酸有明显的优点:①不产生炭渣;②不产生难闻且污染环境的二氧化硫气体。

（4）反应中环己烯与水形成共沸物(沸点 70.8 ℃,含水 10%),环己醇也能与水形成共沸物(沸点 97.8 ℃,含水 80%)。因此,在加热时温度不可过高,蒸馏速度不宜过快,以1 滴/(2 ~ 3)s 为宜,以减少未作用的环己醇被蒸出。

（5）若在 81 ℃以下有较多馏分,说明干燥不够完全,应重新干燥后进行蒸馏。

七、思考题

（1）本实验中所用氯化钙作脱水干燥剂，还有什么作用？

（2）在精制产品的蒸馏操作中，如果在 80 ℃ 以下有较多馏分产生，可能是什么原因？应采取哪些补救措施？

实验四　β–萘乙醚的制备

一、实验目的

（1）熟悉威廉逊合成法制备混醚的原理，掌握 β–萘乙醚的制备方法。

（2）熟练掌握利用重结晶精制固体粗产物的操作技术。

二、实验原理

β–萘乙醚是白色片状晶体，熔点为 37 ℃，不溶于水，易溶于醇、醚等有机溶剂，常用作玫瑰香、薰衣草香和柠檬香等香精的定香剂，也广泛用于肥皂中作香料。

本实验采用威廉逊合成法，用 β–萘酚钠和溴乙烷在乙醇中反应制取萘乙醚。反应式如下：

$$\text{β–萘酚} \quad \text{—OH} + NaOH \longrightarrow \text{—ONa} + H_2O \quad \text{β–萘酚钠}$$

$$\text{—ONa} + Br—CH_2CH_3 \longrightarrow \text{—OCH}_2CH_3 + NaBr$$

溴乙烷　　　　　　　　　　　β–萘乙醚

三、仪器与试剂

（一）仪器

烧杯（200 mL、100 mL）、减压过滤装置、圆底烧瓶（100 mL）、电炉与调压器、锥形瓶（100 mL）、球形冷凝管、表面皿、水浴锅。

（二）试剂

乙醇（95%）、氢氧化钠、无水乙醇、β–萘酚、溴乙烷。

四、实验装置

普通回流装置见图 7-6。

五、实验步骤

（一）威廉逊合成法

在干燥的 100 mL 圆底烧瓶中，加入 5 g β–萘酚、30 mL 无水乙醇和 1.6 g 研细的氢氧化钠，振摇下加入 3.2 mL 溴乙烷。安装回流

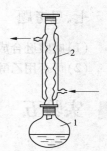

1—圆底烧瓶；2—冷凝管

图 7-6　普通回流装置

冷凝管,用水浴加热回流 1.5 h。

回流要点如下:

(1)加入物料。

原料物及溶剂先加入反应容器中,并加入沸石,再安装冷凝管等其他仪器。

(2)加热回流。

检查装置各连接处的严密性,先通冷却水,再开始加热。最初宜缓慢升温,然后逐渐升高温度使反应液沸腾或达到要求的反应温度。回流时间从第一滴回流液落入反应器中开始计算。

(3)控制回流速度。

调节加热温度及冷却水流量,控制回流速度,使液体蒸气浸润面不超过冷凝管有效冷却长度的 1/3 为宜,中途不可断冷却水。

(4)停止回流。

回流结束后,应先停止加热,待冷凝管中没有蒸气后再停冷却水,稍冷后按由上到下的顺序拆除装置。

(二)结晶抽滤

稍冷,拆除装置。在搅拌下,将反应混合液倒入盛有 200 mL 冷水的烧杯中,在冰—水浴中冷却后减压过滤,用 20 mL 冷水分两次洗涤沉淀。

(三)重结晶

将沉淀移入 100 mL 圆底烧瓶中,加入 20 mL 95% 乙醇溶液。装上回流冷凝管,在水浴中加热,保持微沸 5 min。撤去水浴,待冷却后,拆除装置。将圆底烧瓶置于冰—水浴中充分冷却后,抽滤。滤饼移至表面皿上,自然晾干后称量质量并计算产率。

六、注意事项

(1)氢氧化钠也可用氢氧化钾代替。

(2)安装回流冷凝管,用水浴加热回流 1.5 h,水浴温度不宜太高,以保持反应液微沸即可,否则溴乙烷可能逸出。

(3)重结晶时,因为乙醇易挥发,所以加热溶液时应装上冷凝管。

(4)溴乙烷和 β – 萘酚都是有毒品,应避免吸入其蒸气或直接与皮肤接触!

七、思考题

(1)威廉逊合成反应为什么要使用干燥的玻璃仪器?否则,会增加何种副产物?

(2)可否用乙醇和 β – 溴萘制备 β – 萘乙醚?为什么?

■ 实验五　肥皂的制备

一、实验目的

(1)了解皂化反应原理及肥皂的制备方法。

(2)熟练掌握普通回流装置的安装与操作方法。

（3）熟悉盐析原理,熟练掌握沉淀的洗涤及减压过滤操作技术。

二、实验原理

动物脂肪的主要成分是高级脂肪酸甘油酯。将其与氢氧化钠溶液共热,就会发生碱性水解(皂化反应),生成高级脂肪酸钠(肥皂)和甘油。在反应混合液中加入溶解度较大的无机盐,以降低水对有机酸盐(肥皂)的溶解作用,可使肥皂较为完全地从溶液中析出,这一过程叫作盐析。利用盐析的原理,可将肥皂和甘油较好地分离开。

本实验以猪油为原料制取肥皂。反应式如下:

$$
\begin{array}{c}
R_1C\overset{\displaystyle O}{-}O-CH_2 \\
R_2C\overset{\displaystyle O}{-}O-CH_2 \\
R_3C\overset{\displaystyle O}{-}O-CH_2
\end{array}
\xrightarrow{\text{NaOH/H}_2\text{O}}
\begin{array}{c}
R_1COONa \\
R_2COONa \\
R_3COONa
\end{array}
+
\begin{array}{c}
CH_2-OH \\
CH-OH \\
CH_2-OH
\end{array}
$$

甘油三羧酸酯　　　　　　　　　　　　　　　　　　　肥皂　　　甘油

（三种羧酸钠盐的混合物）

三、仪器与试剂

(一)仪器

圆底烧瓶(250 mL)、烧杯(400 mL)、球形冷凝管、减压过滤装置、电热套。

(二)试剂

氢氧化钠溶液(40%)、饱和食盐水、猪油、乙醇(95%)。

四、实验步骤

(一)皂化

在圆底烧瓶中加入 5 g 猪油、15 mL 乙醇和 15 mL 氢氧化钠溶液。安装普通回馏装置,用电热套加热,保持微沸 40 min。此间若烧瓶内产生大量泡沫,可从冷凝管上口滴加少量 1:1 乙醇和氢氧化钠混合液,以防泡沫冲入冷凝管中。

(二)盐析分离

皂化反应结束后,在搅拌下,趁热将反应混合液倒入盛有 150 mL 饱和食盐水的烧杯中,静置。待混合液充分冷却后,减压过滤。用冷水洗涤沉淀两次,抽干。

(三)干燥称量

滤饼取出后,随意压制成型,自然晾干后,称量质量并计算产率。

五、注意事项

（1)加入乙醇是为了使猪油、碱液和乙醇互溶,便于反应进行。

（2)可用长玻璃管从冷凝管上口插入烧瓶中,蘸取几滴反应液,放入盛有少量热水的试管中,振荡观察,若无油珠出现,说明已皂化完全;否则,需补加碱液,继续加热皂化。

（3）肥皂和甘油一起在碱水中形成胶体，不便分离。加入饱和食盐水可破坏胶体，使肥皂凝聚并从混合液中离析出来。

（4）冷水洗涤主要是洗去吸附于沉淀表面的乙醇和碱液。

（5）猪油的化学式可表示为$(C_{17}H_{35}COO)_3C_3H_5$。计算产率时，可由此式算出其摩尔质量。

（6）实验中应使用新制的猪油。因为长期放置的猪油会部分变质，生成醛、羧酸等物质，影响皂化效果。

（7）皂化反应过程中，应始终保持小火加热，以防温度过高，泡沫溢出。

（8）皂化液和准备添加的混合液中乙醇含量较高，易燃烧，应注意防火！

六、思考题

（1）肥皂是依据什么原理制备的？除猪油外，还有哪些物质可以用来制备肥皂？试列举两例。

（2）皂化反应后，为什么要进行盐析分离？

（3）本实验中为什么要采用回流装置？

项目八　化工原理实验

学习目标

1. 掌握局部阻力的测量方法。
2. 掌握离心泵特性管路特性曲线的测定方法、表示方法。
3. 通过对空气—水蒸气简单套管换热器的实验研究,掌握对流传热系数 α_i 的测定方法。
4. 了解板框压滤机的构造、过滤工艺流程和操作方法。
5. 学习精馏塔性能参数的测量方法,并掌握其影响因素。
6. 了解填料吸收塔的结构和流体力学性能。
7. 掌握萃取塔性能的测定方法。
8. 掌握干燥曲线和干燥速率曲线的测定方法。

实验一　流体流动阻力测定实验

一、实验目的

(1)掌握测定流体流经直管、管件和阀门时阻力损失的一般实验方法。

(2)测定直管阻力摩擦系数 λ 与雷诺数 Re 的关系,验证在一般湍流区内 λ 与 Re 的关系曲线,测定流体流经阀门时的局部阻力系数 ξ。

(3)学会倒 U 形压差计的使用方法,辨识组成管路的各种管件、阀门,并了解其作用。

二、实验原理

流体通过由直管、管件(如三通和弯头等)和阀门等组成的管路系统时,由于黏性剪应力和涡流应力的存在,要损失一定的机械能。流体流经直管时所造成的机械能损失称为直管阻力损失。流体通过管件、阀门时因流体运动方向和速度大小改变所造成的机械能损失称为局部阻力损失。

(一)直管阻力摩擦系数 λ 的测定

流体在水平等径直管中稳定流动时,阻力损失为

$$h_f = \frac{\Delta p_f}{\rho} = \frac{p_1 - p_2}{\rho} = \lambda\,\frac{l}{d}\,\frac{u^2}{2} \tag{8-1}$$

即

$$\lambda = \frac{2d\Delta p_f}{\rho l u^2} \tag{8-2}$$

式中　λ——直管阻力摩擦系数,无因次;

d——直管内径,m;

Δp_f ——流体流经 l m 直管的压力降,Pa;

h_f ——单位质量流体流经 l m 直管的机械能损失,J/kg;

ρ ——流体密度,kg/m³;

l ——直管长度,m;

u ——流体在管内流动的平均流速,m/s。

滞流(层流)时

$$\lambda = \frac{64}{Re} \tag{8-3}$$

$$Re = \frac{du\rho}{\mu} \tag{8-4}$$

式中　Re ——雷诺数,无因次;

μ ——流体黏度,kg/(m·s)。

湍流时,λ 是雷诺数 Re 和相对粗糙度(ε/d)的函数,须由实验确定。

由式(8-2)可知,欲测定 λ,需确定 l、d,测定 Δp_f、u、ρ、μ 等参数。l、d 为装置参数(在装置参数表格中给出),ρ、μ 通过测定流体温度,再查有关手册获得,u 通过测定流体流量,再由管径计算得到。

例如,本实验装置采用转子流量计测流量 V(m³/h),且已经校核,则

$$u = \frac{V}{900\pi d^2} \tag{8-5}$$

Δp_f 可用 U 形管、倒置 U 形管、测压直管等液柱压差计测定,或采用差压变送器和二次仪表显示。

(1)当采用倒置 U 形管液柱压差计时

$$\Delta p_f = \rho g R \tag{8-6}$$

式中　R ——水柱高度,m。

(2)当采用 U 形管液柱压差计时

$$\Delta p_f = (\rho_0 - \rho)g R \tag{8-7}$$

式中　R ——液柱高度,m;

ρ_0 ——指示液密度,kg/m³。

根据实验装置参数 l、d,指示液密度 ρ_0,流体温度 t_0(查流体物性 ρ、μ),以及实验时测定的流量 V、液柱压差计的读数 R,通过式(8-5)、式(8-6)或式(8-7)、式(8-4)和式(8-2)求得 Re 和 λ,再将 Re 和 λ 标绘在双对数坐标图上。

(二)局部阻力系数 ξ 的测定

局部阻力损失通常有两种表示方法,即当量长度法和阻力系数法。

1.当量长度法

流体流过某管件或阀门时造成的机械能损失可看作与某一长度为 l_e 的同直径的管道所产生的机械能损失相当,此折合的管道长度称为当量长度,用符号 l_e 表示。这样,就可以用直管阻力的公式来计算局部阻力损失,而且在管路计算时可将管路中的直管长度与管件、阀门的当量长度合并在一起计算,则流体在管路中流动时的总机械能损失 $\sum h_f$ 为

$$\sum h_f = \lambda \frac{l + \sum l_e}{d} \frac{u^2}{2} \tag{8-8}$$

2. 阻力系数法

流体通过某一管件或阀门时的机械能损失表示为流体在小管径内流动时平均动能的某一倍数,局部阻力的这种计算方法,称为阻力系数法。即

$$h'_f = \frac{\Delta p'_f}{\rho g} = \xi \frac{u^2}{2} \tag{8-9}$$

故
$$\xi = \frac{2\Delta p'_f}{\rho g u^2} \tag{8-10}$$

式中 ξ——局部阻力系数,无因次;

$\Delta p'_f$——局部阻力压强降,Pa,本实验装置所测得的压降应扣除两测压口间直管段的压降,直管段的压降由直管阻力实验结果求取;

ρ——流体密度,kg/m^3;

g——重力加速度,取 9.81 m/s^2;

u——流体在小截面管中的平均流速,m/s。

待测的管件和阀门由现场指定。本实验采用阻力系数法表示管件或阀门的局部阻力损失。

根据连接管件或阀门两端管径中小管的直径 d,指示液密度 ρ_0,流体温度 t_0(查流体物性 ρ、μ),以及实验时测定的流量 V、液柱压差计的读数 R,通过式(8-5)、式(8-6)或式(8-7)、式(8-10)求得管件或阀门的局部阻力系数 ξ。

三、实验装置与流程

(一)实验装置

实验装置如图8-1所示。实验装置是由水槽,水泵,不同管径、材质的水管,各种阀门、管件,流量计和 U 形压差计等所组成的。管路部分有三段并联的长直管,测定局部阻力部

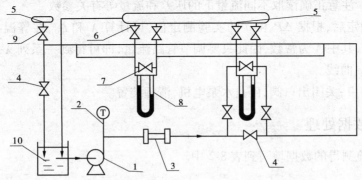

1—水泵;2—温度计;3—涡轮流量计;4—控制阀;5—排气瓶;

6—测压导管;7—平衡阀;8—U 形压差计;9—排气阀;10—水槽

图8-1 实验装置

分使用不锈钢管,其上装有待测管件(闸阀),光滑管直管阻力的测定同样使用内壁光滑的不锈钢管,而粗糙管直管阻力的测定对象为管道内壁较粗糙的镀锌管。

水的流量使用转子流量计测量,管路和管件的阻力采用各自的倒 U 形压差计测量,流体温度由金属温度计测量。

(二)装置参数

装置参数如表 8-1 所示。

表 8-1　装置参数

名称	材质	管路号	管内径(mm)	测量段长度 (cm)
局部阻力	闸阀	1A	20.9	100
光滑管	不锈钢管	1B	20.9	100
粗糙管	镀锌铁管	1C	21.1	100

四、实验步骤

(1)启动水泵电机,待电机转动平稳后,把泵的出口阀缓缓开到最大。

(2)对倒 U 形压差计进行排气和调零,使压差计两端在带压且零流量时的液位高度相等。

(3)实验时,先缓缓开启调节阀,调节流量,让流量在 0.4 ~ 4 m^3/h 变化。每次改变流量,待流量达到稳定后,分别记下压差计左右两管的液位高度,两高度相减的绝对值即为该流量下的压差。注意正确读取不同流量下的压差和流量等有关参数。

(4)装置确定后,根据 ΔP 和 u 的实验测定值,可计算 λ 和 ξ。在等温条件下,雷诺数 $Re = du\rho/\mu = Au$,其中 A 为常数,因此只要调节管路流量,即可得到一系列 λ—Re 的实验点,从而绘出 λ—Re 曲线。

(5)实验结束,关闭出口阀,停止水泵电机,清理装置。

五、实验数据处理

将上述实验测得的数据填写到表 8-2 中。

表 8-2　实验数据记录表

实验日期：_____　实验人员：_____　学号：_____　温度：_____　装置号：_____
直管基本参数：_____　光滑管径：_____　粗糙管径：_____　局部阻力管径：_____

序号	流量 (m^3/h)	光滑管（mmH_2O*）			粗糙管（mmH_2O）			局部阻力（mmH_2O）		
		左	右	压差	左	右	压差	左	右	压差

注：* 1 mmH_2O = 9.8 Pa，余同。

六、实验报告

（1）根据粗糙管实验结果，在双对数坐标纸上标绘出 λ—Re 曲线，对照化工原理教材上有关曲线图，即可估算出该管的相对粗糙度和绝对粗糙度。

（2）根据光滑管实验结果，对照柏拉修斯方程，计算其误差。

（3）根据局部阻力实验结果，求出闸阀全开时的平均 ξ 值。

（4）对实验结果进行分析讨论。

七、思考题

（1）在对装置做排气工作时，是否一定要关闭流程尾部的出口阀？ 为什么？

（2）如何检测管路中的空气已经被排除干净？

（3）以水做介质所测得的 λ—Re 关系能否适用于其他流体？ 如何应用？

（4）在不同设备上（包括不同管径），不同水温下测定的 λ—Re 数据能否关联在同一条曲线上？

（5）如果测压口、孔边缘有毛刺或安装不垂直，对静压的测量有何影响？

实验二　雷诺演示实验

一、实验目的

观察流体在管内流动的两种不同流型。

二、实验原理

流体流动有两种不同形态,即层流(滞流)和湍流(紊流)。流体作层流流动时,其流体质点作直线运动,且互相平行;湍流时,质点紊乱,流体内部存在径向脉动,但流体的主体向同一方向流动。

雷诺数是判断流动型态的准数,若流体在圆管内流动,则雷诺数可用式(8-4)表示。

对于一定温度的流体,在特定的圆管内流动,雷诺数仅与流体流速有关。本实验通过改变流体在管内的速度,观察在不同雷诺数下流体流型的变化,一般认为 $Re < 2\,000$ 时,流型为层流;$Re > 4\,000$ 时,流型为湍流;$2\,000 < Re < 4\,000$ 时,流动处于过渡区,或层流或湍流。

三、实验装置与流程

流体流动现象演示实验装置主要由贮水槽、玻璃实验导管、转子流量计及移动式镜面不锈钢实验台等部分组成,如图8-2所示。

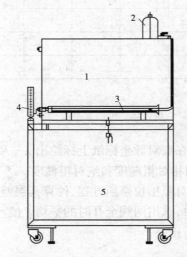

1—贮水槽;2—有色墨水贮瓶;3—实验导管;
4—转子流量计;5—移动式实验台

图8-2　流体流动现象演示实验装置

实验前,先将水充满带溢流装置的贮水槽,打开转子流量计后的调节阀,将系统中的气泡排尽。

示踪剂采用有色墨水,它由有色墨水贮瓶经连接软管和注射针头,注入实验导管。注射针头位于实验导管入口向里约 15 cm(设计为可调)处的中心轴位置。

四、演示操作

(一)层流

实验时,先稍开启调节阀,将流量从 0 慢慢增大至所需要的值。再调节有色墨水贮瓶的注射器开关,排尽管中的气泡并调节开关的大小至适宜位置,使有色墨水的注入流速与实验导管中主体流体(水)的流速相适应,一般以略低于主体流体(水)的流速为宜。待流动稳定后,记录水的流量。此时,在实验导管的轴线上,就可观察到一条平直的有色细流,其好像一根拉直的有色直线一样。

(二)湍流

缓慢地加大调节阀的开度,使水的流量平稳地增大。玻璃导管内的流速也随之平稳地增大。可观察到:在玻璃导管轴线上呈直线流动的有色细流,开始发生波动。随着流速的增大,红色细流的波动程度也随之增大,最后断裂成一段段的红色细流。当流速继续增大时,红墨水进入实验导管后,立即呈烟雾状分散在整个导管内,进而迅速与主体流体(水)混为一体,使整个管内流体染为一色。

■ 实验三 离心泵性能特性曲线测定实验

一、实验目的

(1)了解离心泵结构与特性,学会离心泵的操作。

(2)测定恒定转速条件下离心泵的有效扬程(H)、轴功率(N),以及总效率(η)与有效流量(V)之间的曲线关系。

(3)测定改变转速条件下离心泵的有效扬程(H)、轴功率(N),以及总效率(η)与有效流量(V)之间的曲线关系。

(4)学会轴功率的两种测量方法:马达天平法和功率表法。

(5)了解压力传感器和变频器的工作原理与使用方法。

(6)学会采用变频器调节泵流量的操作方法。

(7)学会化工原理实验软件库(组态软件 MCGS 和 VB 实验数据处理软件系统)的使用。

二、实验原理

离心泵性能特性曲线是选择和使用离心泵的重要依据之一,其特性曲线是在恒定转速下扬程 H、轴功率 N 及效率 η 与流量 V 之间的关系曲线,它是流体在泵内流动规律的外部表现形式。由于泵内部流动情况复杂,不能用数学方法计算这一特性曲线,只能依靠实验测定。

(一)流量 V 的测定与计算

采用涡轮流量计测量流量,智能流量积算仪显示流量值 $V(\mathrm{m}^3/\mathrm{h})$。

(二)扬程 H 的测定与计算

在泵进、出口取截面,列伯努利方程,为

$$H = \frac{p_2 - p_1}{\rho g} + Z_2 - Z_1 + \frac{u_2^2 - u_1^2}{2g}$$

式中　p_1, p_2——泵进、出口的压强,$\mathrm{N/m^2}$;

　　　ρ——液体密度,$\mathrm{kg/m^3}$;

　　　u_1, u_2——泵进、出口的流量,$\mathrm{m/s}$;

　　　g——重力加速度,$\mathrm{m/s^2}$。

当泵进、出口管径一样,且压力表和真空表安装在同一高度时,上式简化为

$$H = \frac{p_2 - p_1}{\rho g} \tag{8-11}$$

由式(8-11)可知:只要直接读出真空表和压力表上的数值,就可以计算出泵的扬程。

本实验中,采用压力传感器来测量泵进口、出口的真空度和压力,由巡检仪显示真空度和压力值。

(三)轴功率 N 的测量与计算

轴功率可按下式计算:

$$N = M\omega = M \cdot \frac{2\pi n}{60} = 9.81PL \cdot \frac{2\pi n}{60} \tag{8-12}$$

式中　　N——泵的轴功率,W;

　　　　M——泵的转矩,N·m;

　　　　ω——泵的旋转角速度,1/s;

　　　　n——泵的转速,r/min;

　　　　P——测功臂上所加砝码的质量,kg;

　　　　L——测功臂长,m,取 0.486 7 m(马达天平法)。

由式(8-12)可知:要测定泵的轴功率,需要同时测定泵轴的转矩 M 和转速 n,泵轴的转矩采用马达天平法,泵轴的转速由转速传感器数值式转速表直接读出。

(四)效率 η 的计算

泵的效率 η 为泵的有效功率 Ne 与轴功率 N 的比值。有效功率 Ne 是流体单位时间内自泵得到的功,轴功率 N 是单位时间内泵从电机得到的功,两者差异反映了水力损失、容积损失和机械损失的大小。

泵的有效功率 Ne 可用下式计算:

$$Ne = HV\rho g$$

故　　　　　　　　$$\eta = Ne/N = HV\rho g/N \tag{8-13}$$

(五)转速改变时的换算

泵的特性曲线是在指定转速下的数据,就是说在某一特性曲线上的一切实验点,其转速都是相同的。但是,实际上感应电动机在转矩改变时,其转速会有变化,这样随着流量的变化,多个实验点的转速将有所差异,因此在绘制特性曲线之前,须将实测数据换算为平均转速下的数据。换算关系为

$$\left.\begin{array}{l}
\text{流量 } V' = V\dfrac{n'}{n} \\[2mm]
\text{扬程 } H' = H\left(\dfrac{n'}{n}\right)^2 \\[2mm]
\text{轴功率 } N' = N\left(\dfrac{n'}{n}\right)^3 \\[2mm]
\text{效率 } \eta' = \dfrac{V'H'\rho g}{N'} = \dfrac{VH\rho g}{N} = \eta
\end{array}\right\} \tag{8-14}$$

此外,本实验装置安装了变频器,以改变离心泵的转速,实现测定变转速时离心泵的性

能特性曲线的目的,转速改变后的换算关系也满足式(8-14)。本实验装置还设计了采用变频器来手动或自动控制调节泵流量的实验训练。全部实验能实现计算机数据在线采集和自动控制。

三、实验装置流程图

离心泵性能特性曲线测定系统装置工艺控制流程图如图8-3所示。

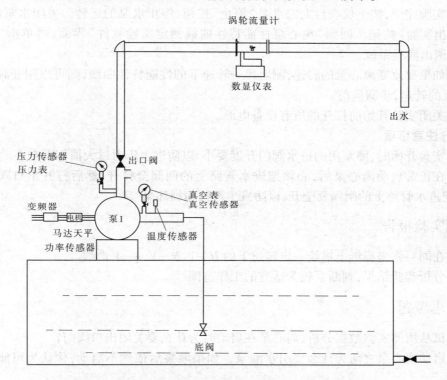

图8-3　离心泵性能特性曲线测定系统装置工艺控制流程图

四、实验步骤及注意事项

(一)实验步骤

(1)仪表上电:打开总电源开关,打开仪表电源开关,打开三相空气开关,把离心泵电源转换开关旋到直接位置,即由电源直接启动,这时离心泵停止按钮灯亮。

(2)打开离心泵出口阀门,打开离心泵灌水阀,对水泵进行灌水,注意在打开灌水阀时要慢慢打开,不要开得太大,否则会损坏真空表。灌好水后关闭泵的出口阀与灌水阀门。

(3)实验软件的开启:打开"离心泵性能特性曲线测定实验.MCG"组态软件,出现提示输入工程密码对话框,输入密码后,进入组态环境,按F5键进入软件运行环境。按提示输入班级、姓名、学号、装置号后按"确定"按钮进入"离心泵性能特性曲线测定实验软件"界面,点击"恒定转速下的离心泵性能特性曲线测定"按钮,进入实验界面。

(4)一切准备就绪后,按下离心泵"启动"按钮,启动离心泵,这时离心泵"启动"按钮绿灯亮。启动离心泵后把出水阀开到最大,开始进行离心泵实验。

（5）流量调节：①手动调节，通过泵出口闸阀调节流量；②自动调节，通过仪控柜面板中流量自动调节表与变频器来调节流量，以实现流量的手自动控制。

（6）手动调节实验方法：调节出口闸阀开度，使阀门全开。等流量稳定时，在马达天平上添加砝码使平衡臂与准星对准读取砝码质量 P。在仪表台上读出电机转速 n、流量 V、水温 t、真空表读数 p_1 和出口压力表读数 P_2 并记录；关小阀门减小流量，重复以上操作，测得另一流量下对应的各个数据，一般重复 8~9 个点为宜。

（7）实验完毕，按下仪表台上的水泵"停止"按钮，停止水泵的运转。关闭水泵出口阀。单击"退出实验"按钮。回到"离心泵性能特性曲线测定实验软件"界面，再单击"退出实验"按钮退出实验系统。

（8）如果要改变离心泵的转速，测定另一转速下的性能特性曲线，则可以用变频器来调节离心泵的转速，步骤同前。

（9）关闭实验开始前打开的所有设备电源。

（二）注意事项

（1）实验开始时，灌泵用的进水阀门开度要小，以防进水压力过大损坏真空表。

（2）在正常启动离心泵后，必须把进水管路上的闸阀全打开，然后打开出口阀调节流量。切记进水管路上的闸阀要全开，以防发生汽蚀而损坏泵。

五、实验报告

（1）在同一张坐标纸上描绘一定转速下的 $H—V$、$N—V$、$\eta—V$ 曲线。

（2）分析实验结果，判断泵较为适宜的工作范围。

六、思考题

（1）试从所测实验数据分析，离心泵在启动时为什么要关闭出口阀门？

（2）启动离心泵之前为什么要引水灌泵？如果灌泵后依然不启动，你认为可能的原因是什么？

（3）为什么用泵的出口阀门调节流量？这种方法有什么优缺点？

（4）泵启动后，出口阀如果打不开，压力表读数是否会逐渐上升？为什么？

（5）正常工作的离心泵，在其进口管路上安装阀门是否合理？为什么？

（6）用清水泵输送密度为 1 200 kg/m³ 的盐水（忽略密度的影响），在相同流量下你认为泵的压力是否变化？轴功率是否变化？

实验四　恒压过滤常数测定实验

一、实验目的

（1）熟悉板框压滤机的构造和操作方法。

（2）通过恒压过滤实验，验证过滤基本原理。

（3）学会测定过滤常数 K、q_e、τ_e 及压缩性指数 S 的方法。

（4）了解操作压力对过滤速率的影响。

（5）学会化工原理实验软件库（VB 实验数据处理软件系统）的使用。

二、基本原理

过滤是以某种多孔物质作为介质来处理悬浮液的操作。在外力的作用下,悬浮液中的液体通过介质的孔道,而固体颗粒被截留下来,从而实现固液分离。因此,过滤操作本质上是流体通过固体颗粒床层的流动,所不同的是这个固体颗粒层的厚度随着过滤过程的进行而不断增加,因此在恒压过滤操作中,其过滤速率不断降低。

影响过滤速度的主要因素除压强差 Δp、滤饼厚度 L 外,还有滤饼和悬浮液的性质、悬浮液温度、过滤介质的阻力等,因此难以用流体力学的方法处理。

比较过滤过程与流体经过固定床的流动可知:过滤速度即为流体通过固定床的表观速度 u。同时,流体在细小颗粒构成的滤饼空隙中的流动属于低雷诺数范围,因此可利用流体通过固定床压降的简化模型,寻求滤液量与时间的关系,运用层流时,用泊肃叶公式不难推导出过滤速度计算式:

$$u = \frac{1}{K} \frac{\varepsilon^3}{a^2(1-\varepsilon)^2} \frac{\Delta p}{\mu L} \tag{8-15}$$

式中 u——过滤速度,m/s;

K——康采尼常数,层流时,取 5.0;

ε——床层的空隙率,m^3/m^3;

a——颗粒的比表面积,m^2/m^3;

Δp——过滤的压强差,Pa;

μ——滤液的黏度,Pa·s;

L——床层厚度,m。

由此可导出过滤基本方程式为

$$\frac{dV}{d\tau} = \frac{A^2 \Delta p^{1-S}}{\mu r' v(V+V_e)} \tag{8-16}$$

式中 V——滤液体积,m^3;

τ——过滤时间,s;

A——过滤面积,m^2;

S——滤饼压缩性指数,无因次,一般情况下 S 取 0~1,不可压缩滤饼 S 取 0;

r——滤饼比阻,$1/m^2$,$r = 5.0a^2(1-\varepsilon)^2/\varepsilon^3$;

r'——单位压差下的比阻,$1/m^2$,$r = r'\Delta p^S$;

v——滤饼体积与相应滤液体积之比,无因次;

V_e——虚拟滤液体积,m^3。

恒压过滤时,令 $k = 1/\mu r' v$, $K = 2k\Delta p^{(1-S)}$, $q = V/A$, $q_e = V_e/A$ 对式(8-16)积分可得

$$(q+q_e)^2 = K(\tau+\tau_e) \tag{8-17}$$

式中 q——单位过滤面积的滤液体积,m^3/m^2;

q_e——单位过滤面积的虚拟滤液体积,m^3/m^2;

τ_e——虚拟过滤时间,s;

K——滤饼常数,m^2/s,由物料特性及过滤压差所决定。

K, q_e, τ_e 三者总称为过滤常数。利用恒压过滤方程进行计算时,必须首先知道 $K, q_e,$ τ_e,它们只有通过实验才能确定。

对式(8-17)微分可得

$$\left. \begin{array}{l} 2(q + q_e)\mathrm{d}q = K\mathrm{d}\tau \\[2mm] \dfrac{\mathrm{d}\tau}{\mathrm{d}q} = \dfrac{2}{K}q + \dfrac{2}{K}q_e \end{array} \right\} \tag{8-18}$$

该式表明以 $\dfrac{\mathrm{d}\tau}{\mathrm{d}q}$ 为纵坐标,以 q 为横坐标作图可得一条直线斜率为 $2/K$,截距为 $2q_e/K$。

在实验测定中,为便于计算可用 $\dfrac{\Delta\tau}{\Delta q}$ 替代 $\dfrac{\mathrm{d}\tau}{\mathrm{d}q}$,把式(8-18)改写成

$$\frac{\Delta\tau}{\Delta q} = \frac{2}{K}q + \frac{2}{K}q_e \tag{8-19}$$

在恒压条件下,用秒表和量筒分别测定一系列时间间隔 $\Delta\tau_i(i = 1,2,3,\cdots,n)$ 及对应的滤液体积 $\Delta V_i(i = 1,2,3,\cdots,n)$,也可采用计算机软件自动采集一系列时间间隔 $\Delta\tau_i(i = 1,$ $2,3,\cdots,n)$ 及对应的滤液体积 $\Delta V_i(i = 1,2,3,\cdots,n)$,由此算出一系列 $\Delta\tau_i,\Delta q_i,q_i$ 在直角坐标系中绘制 $\dfrac{\Delta\tau}{\Delta q}$—$q$ 的函数关系,得一直线。有直线的斜率便可求出 K 和 q_e,再根据 $\tau_e =$ q_e^2/K,求出 τ_e。

改变实验所用的过滤压差 Δp,可测得不同的 K 值,由 K 的定义式两边取对数得

$$\lg K = (1 - S)\lg\Delta p + \lg 2k \tag{8-20}$$

在实验压差范围内,若 k 为常数,则 $\lg K$—$\lg\Delta p$ 的关系在直角坐标系上应是一条直线,直线的斜率为 $(1 - S)$,可得滤饼压缩性指数 S,由截矩可得物料特性常数 k。

三、实验装置流程图

本实验装置由空压机、配料槽、压力料槽、板框过滤机和压力定值调节阀等组成,如图8-4所示。$CaCO_3$ 的悬浮液在配料桶内被配制一定浓度后利用位差送入压力料槽中,用压缩空气加以搅拌使 $CaCO_3$ 不致沉降,同时利用压缩空气的压力将料浆送入板框过滤机过滤,滤液流入量筒计量。

板框过滤机的结构尺寸为:框厚度 25 mm,每个框过滤面积 0.024 m^2,框数 2 个。

空气压缩机规格型号为:2VS – 0.08/7,风量 0.08 m^3/min,最大气压为 0.7 MPa。

四、实验步骤及注意事项

(一)实验步骤

(1)配制含 $CaCO_3$ 8% ~ 13% 的水悬浮液。

(2)熟悉实验装置流程。

(3)开启空气压缩机。

(4)正确装好滤板、滤框及滤布。滤布使用前先用水浸湿。滤布要绑紧,不能起皱(用丝杆压紧时,千万不要把手压伤,先慢慢转动手轮使滤框合上,然后再压紧)。

(5)打开阀3、阀2、阀4,将压缩空气通入配料槽,使 $CaCO_3$ 悬浮液搅拌均匀。

(6)关闭阀2,打开压力料槽排气阀12,打开阀6,使料浆由配料桶流入压力料槽至

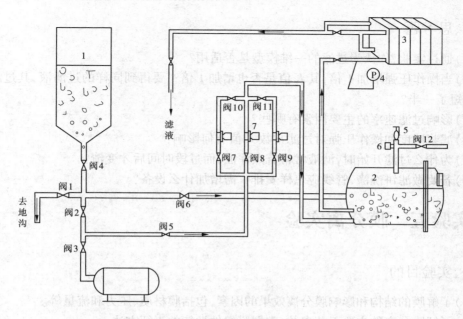

1—配料槽;2—压力料槽;3—板框压滤机;4—压力表;
5—安全阀;6—压力变送器;7—压力定值调节阀

图8-4　恒压过滤常数测定实验装置流程图

1/2 ~ 2/3处,关闭阀6。

(7)打开阀5、阀7、阀10,开始做低压过滤实验。

(8)每次实验应在滤液从汇集管刚流出的时刻作为开始时刻,每次 ΔV 取为 800 mL 左右,记录相应的过滤时间 $\Delta \tau$。要熟练掌握双秒表轮流读数的方法。量筒交替接液时,不要流失滤液。等量筒内滤液静止后读出 ΔV 值和记录 $\Delta \tau$ 值。测量 8 ~ 10 个读数即可停止实验。关闭阀7、阀10,打开阀11,重复上述操作做中等压力过滤实验。关闭阀9、阀11,打开阀8,重复上述操作做高压力过滤实验。

(9)实验完毕关闭阀8,打开阀6、阀4,将压力料槽剩余的悬浮液压回配料桶,关闭阀4、阀6。

(10)打开排气阀12,卸除压力料槽内的压力。然后卸下滤饼,清洗滤布、滤框及滤板。

(11)关闭空气压缩机电源,关闭 24V DC 电源,关闭仪表电源及总电源开关。

(二)注意事项

滤饼、滤液要全部回收到配料桶。

五、实验报告

(1)由恒压过滤实验数据求过滤常数 K, q_e, τ_e。

(2)比较几种压差下的 K, q_e, τ_e 值,讨论压差变化对以上参数数值的影响。

(3)在直角坐标纸上绘制 $\lg K$—$\lg \Delta p$ 关系曲线,求出 S 及 k。

(4)写出完整的过滤方程式,弄清其中各个参数的符号及意义。

六、思考题

（1）通过实验，你认为过滤的一维模型是否适用？

（2）当操作压强增加1倍，其 K 值是否也增加1倍？要得到同样的过滤液，其过滤时间是否缩短了一半？

（3）影响过滤速率的主要因素有哪些？

（4）滤浆浓度和操作压强对过滤常数 K 值有何影响？

（5）为什么过滤开始时，滤液常常有点浑浊，而过段时间后才变清？

（6）若要做滤饼洗涤，管线应怎样安排？需增加什么设备？

实验五　膜分离实验

一、实验目的

（1）了解膜的结构和影响膜分离效果的因素，包括膜材质、压力和流量等。

（2）了解膜分离的主要工艺参数，掌握膜组件性能的表征方法。

（3）掌握膜分离流程，比较各膜分离过程的异同。

二、实验原理

膜分离是以对组分具有选择性透过功能的膜为分离介质，通过在膜两侧施加（或存在）一种或多种推动力，使原料中的某组分选择性地优先透过膜，从而达到混合物的分离，并实现产物的提取、浓缩、纯化等目的的一种新型分离过程。其推动力可以为压力差（也称跨膜压差）、浓度差、电位差、温度差等。膜分离过程有多种，不同的过程所采用的膜及施加的推动力不同，通常称进料液流侧为膜上游、透过液流侧为膜下游。

微滤（MF）、超滤（UF）、纳滤（NF）与反渗透（RO）都是以压力差为推动力的膜分离过程，当膜两侧施加一定的压差时，可使一部分溶剂及小于膜孔径的组分透过膜，而微粒、大分子、盐等被膜截留下来，从而达到分离的目的。

微滤（MF）、超滤（UF）、纳滤（NF）与反渗透（RO）四个过程的主要区别在于被分离物粒子或分子的大小和所采用膜的结构与性能不同。微滤膜的孔径范围为 $0.05 \sim 10 \ \mu m$，所施加的压力差为 $0.015 \sim 0.2 \ MPa$；超滤分离的组分是大分子或直径不大于 $0.1 \ \mu m$ 的微粒，其压差范围为 $0.1 \sim 0.5 \ MPa$；反渗透常被用于截留溶液中的盐或其他小分子物质，所施加的压差与溶液中溶质的相对分子质量及浓度有关，通常的压差在 $2 \ MPa$ 左右，也有高达 $10 \ MPa$ 的；介于反渗透与超滤之间的为纳滤过程，膜的脱盐率及操作压力通常比反渗透低，一般用于分离溶液中相对分子质量为几百至几千的物质。

（一）微滤与超滤

微滤过程中，被膜所截留的通常是颗粒性杂质，可将沉积在膜表面上的颗粒层视为滤饼层，其实质与常规过滤过程近似。本实验中，以含颗粒的混浊液或悬浮液，经压差推动通过微滤膜组件，改变不同的料液流量，观察透过液侧清液情况。

对于超滤，筛分理论被广泛用来分析其分离机制。该理论认为，膜表面具有无数个微孔,这些实际存在的不同孔径的孔眼像筛子一样,截留住分子直径大于孔径的溶质和颗粒,从而达到分离的目的。应当指出的是,在有些情况下,孔径大小是物料分离的决定因数;但对另一些情况,膜材料表面的化学特性却起到了决定性的截留作用。如有些膜的孔径既比溶剂分子大,又比溶质分子大,本不应具有截留功能,但令人意外的是,它却仍具有明显的分离效果。由此可见,膜的孔径大小和膜表面的化学性质将分别起着不同的截留作用。

（二）反渗透与纳滤

反渗透是一种依靠外界压力使溶剂从高浓度侧向低浓度侧渗透的膜分离过程,其基本机制为 Sourirajan 在 Gibbs 吸附方程基础上提出的优先吸附 – 毛细孔流动机制,而后又按此机制发展为定量的表面力 – 孔流动模型。

纳滤过程介于超滤和反渗透两者之间,其截留的粒子相对分子质量通常在几百到几千之间。

（三）膜性能的表征

一般而言,膜组件的性能可用截留率(R)、透过液通量(J)和溶质浓缩倍数(N)来表示。

$$R = \frac{c_0 - c_P}{c_0} \times 100\% \tag{8-21}$$

式中　R——截留率;

c_0——原料液的浓度,kmol/m^3;

c_P——透过液的浓度,kmol/m^3。

对于不同溶质成分,在膜的正常工作压力和工作温度下,截留率不尽相同,因此这也是工业上选择膜组件的基本参数之一。

$$J = \frac{V_P}{S \cdot t} \tag{8-22}$$

式中　J——透过液通量,L/(m^2 · h);

V_P——透过液的体积,L;

S——膜面积,m^2;

t——分离时间,h。

V_p/t 即为透过液的体积流量 Q。在把透过液作为产品侧的某些膜分离过程中(如污水净化、海水淡化等),用该值来表征膜组件的工作能力。一般膜组件出厂,均有纯水通量这个参数,即用日常自来水(显然钙离子、镁离子等成为溶质成分)通过膜组件而得出的透过液通量。

$$N = \frac{c_R}{c_P} \tag{8-23}$$

式中　N——溶质浓缩倍数;

c_R——浓缩液的浓度,kmol/m^3;

c_P——透过液的浓度,kmol/m^3。

该值比较了浓缩液和透过液的分离程度,在某些以获取浓缩液为产品的膜分离过程中(如大分子提纯、生物酶浓缩等),是重要的表征参数。

截留率(R)、透过液通量(J)和溶质浓缩倍数(N)与总流量(Q)有关,实验者需在不同的流量下,测定原料中初始溶质浓度、透过液中溶质浓度、浓缩液中溶质浓度、透过液体积和实验时间(透过液体积流量 Q),膜面积由实际设备确定。最后在坐标图上绘制截留率—流量(R—Q)、透过液通量—流量(J—Q)和溶质浓缩倍数—流量(N—Q)的关系曲线。

三、实验装置与流程

本实验装置均为科研用膜,需在超低压条件下使用,透过液通量和最大工作压力均低于工业现场实际使用情况,实验中不可使膜组件在超压状态下工作。膜分离装置主要工艺参数如表8-3所示。

表8-3　膜分离装置主要工艺参数

膜组件	膜材料	膜面积(m^2)	最大工作压力(MPa)
纳滤	芳香聚酰胺	0.4	0.7
反渗透	芳香聚酰胺	0.4	0.7

纳滤和反渗透均可分离相对分子质量为 100 级别的离子,故取 0.5% 浓度的硫酸钠水溶液为料液,浓度分析采用电导率仪,即分别取各样品测取电导率值,然后比较相对数值(也可根据实验前得到的浓度—电导率值标准曲线获取浓度值)。

膜分离流程示意图如图 8-5 所示。

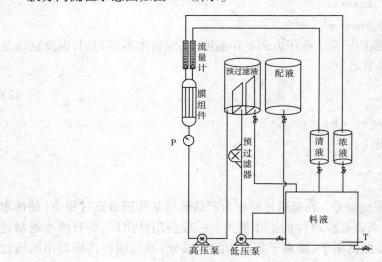

图8-5　膜分离流程示意图

四、实验步骤及注意事项

(一)实验步骤

(1)用清水清洗管路,通电检测高低压泵,温度、压力仪表自检。

(2)在配料槽中配置实验所需料液,打开低压泵,则料液经预过滤器进入预过滤液槽。

(3)低压预过滤 5~10 min,开启高压泵,分别打开清液、浓液转子流量计,实验过程中可分别取样。

(4)若采用大流量物料,可在底部料槽中配好相应浓度的料液。

（5）实验结束,可在配料槽中配制消毒液(常用1%甲醛,根据物料特性确定),打入各膜芯中。

（6）对于不同膜分离过程实验,可通过安装不同膜组件实现。

（二）注意事项

（1）整个单元操作结束后,先用清水洗完管路,之后在保护液储槽中配制0.5%~1%浓度的甲醛溶液,用泵打入膜组件中,使膜组件浸泡在保护液中。

（2）对于长期使用的膜组件,其吸附杂质较多,或者浓差极化明显,则膜分离性能显著下降。对于预滤和微滤组件,采取更换新内芯的手段;对于超滤、纳滤和反渗透组件,若采取针对性溶液浸泡膜组件后仍无法恢复分离性能(如基本的截留率显著下降),则表明膜组件使用寿命已到尽头,需更换新内芯。

附

膜组件工作性能与系统要求

本装置中的所有膜组件均为科研用膜(工业上膜组件的使用寿命因分离物系不同而受影响),为使其能较长时间地保持正常分离性能,应注意其正常工作压力、工作温度,选取合适浓度的物料,做好保养工作。

一、系统要求

最高工作温度:50 ℃。

正常工作温度:5~45 ℃。

正常工作压力:纳滤、反渗透进口压力0.6 MPa。

最大工作压力:纳滤、反渗透进口压力0.7 MPa。

二、膜组件性能

预滤组件:滤芯材料为聚丙烯混纤,孔径5 μm。

纳滤组件:

膜材料:芳香聚酰胺。

膜组件形式:卷式。

有效膜面积:0.4 m^2。

纯水通量(0.6 MPa,25 ℃):6~8 L/h。

脱盐率:Na_2SO_4>50%。

原料液溶质浓度:<2%。

反渗透组件:

膜材料:芳香聚酰胺。

膜组件形式:卷式。

有效膜面积:0.4 m^2。

纯水通量(0.6 MPa,25 ℃):8~16 L/h。

脱盐率：$Na_2SO_4 > 80\%$ 。

原料液溶质浓度：$<2\%$ 。

三、维修与保养

（1）实验前请仔细阅读实验指导书和系统流程，特别要注意各种膜组件的正常工作压力与温度。

（2）新装置首次使用前，先用清水进料 $10 \sim 20$ min，洗去膜组件内的保护剂（为一些表面活性剂或高分子物质，对膜组件孔径起定型作用）。

（3）实验原料液必须经过 5 μm 微孔膜预过滤（本实验装置中的预过滤器），防止硬颗粒混入而划破膜组件。

（4）使用不同料液实验时，必须对膜组件及相关管路进行彻底清洗，为保证膜本身吸附颗粒的除去，必要时可进行反清洗。

（5）暂时不使用时，须保持膜组件湿润状态（因为膜组件干燥后，又失去了定型的保护剂，孔径可能发生变化，从而影响分离性能），可通过膜组件进出口阀门，将一定量清水或消毒液封在膜组件内。

（6）较长时间不用时，要防止系统生菌，可以加入少量防腐剂，例如甲醛、双氧水等（浓度均不高于 0.5% ）。在下次使用前，则必须将这些保护液冲洗干净，才能进行实验。

实验六　空气-蒸汽对流给热系数测定实验

一、实验目的

（1）了解间壁式传热元件，掌握给热系数测定的实验方法。

（2）掌握热电阻测温的方法，观察水蒸气在水平管外壁上的冷凝现象。

（3）学会给热系数测定的实验方法，了解影响给热系数的因素和强化传热的途径。

二、实验原理

在工业生产过程中，大量情况下，冷、热流体系通过固体壁面（传热元件）进行热量交换，称为间壁式传热。如图 8-6 所示，间壁式传热过程由热流体对固体壁面的对流传热、固体壁面的热传导和固体壁面对冷流体的对流传热所组成。

达到传热稳定时，有

$$
\begin{aligned}
Q &= m_1 c_{p1} (T_1 - T_2) = m_2 c_{p2} (t_2 - t_1) \\
&= \alpha_1 A_1 (T - T_W)_m = \alpha_2 A_2 (t_W - t)_m \\
&= KA\Delta t_m
\end{aligned}
$$

$$(8\text{-}24)$$

式中　Q——传热量，J/s；

　　　m_1——热流体的质量流率，kg/s；

　　　c_{p1}——热流体的比热，J/（kg·℃）；

　　　T_1——热流体的进口温度，℃；

T_2——热流体的出口温度,℃;

m_2——冷流体的质量流率,kg/s;

c_{p2}——冷流体的比热,J/(kg·℃);

t_1——冷流体的进口温度,℃;

t_2——冷流体的出口温度,℃;

α_1——热流体与固体壁面的对流传热系数,W/(m²·℃);

A_1——热流体侧的对流传热面积,m²;

$(T - T_W)_m$——热流体与固体壁面的对数平均温差,℃;

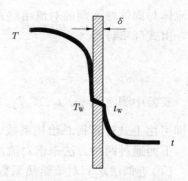

图8-6　间壁式传热过程示意图

α_2——冷流体与固体壁面的对流传热系数,W/(m²·℃);

A_2——冷流体侧的对流传热面积,m²;

$(t_W - t)_m$——固体壁面与冷流体的对数平均温差,℃;

K——以传热面积 A 为基准的总给热系数,W/(m²·℃);

Δt_m——冷热流体的对数平均温差,℃。

热流体与固体壁面的对数平均温差可由式(8-25)计算:

$$(T - T_W)_m = \frac{(T_1 - T_{W1}) - (T_2 - T_{W2})}{\ln \dfrac{T_1 - T_{W1}}{T_2 - T_{W2}}} \tag{8-25}$$

式中　T_{W1}——热流体进口处热流体侧的壁面温度,℃;

T_{W2}——热流体出口处热流体侧的壁面温度,℃。

固体壁面与冷流体的对数平均温差可由式(8-26)计算:

$$(t_W - t)_m = \frac{(t_{W1} - t_1) - (t_{W2} - t_2)}{\ln \dfrac{t_{W1} - t_1}{t_{W2} - t_2}} \tag{8-26}$$

式中　t_{W1}——冷流体进口处冷流体侧的壁面温度,℃;

t_{W2}——冷流体出口处冷流体侧的壁面温度,℃。

热、冷流体间的对数平均温差可由式(8-27)计算:

$$\Delta t_m = \frac{(T_1 - t_2) - (T_2 - t_1)}{\ln \dfrac{T_1 - t_2}{T_2 - t_1}} \tag{8-27}$$

在套管式间壁换热器中,环隙通以水蒸气,当内管管内通以冷空气或水进行对流传热系数测定实验时,由式(8-24)得内管内壁面与冷空气或水的对流传热系数:

$$\alpha_2 = \frac{m_2 c_{p2}(t_2 - t_1)}{A_2(t_W - t)_m} \tag{8-28}$$

实验中测定紫铜管的壁温 t_{W1}、t_{W2},冷空气或水的进出口温度 t_1、t_2,实验用紫铜管的长度 l、内径 d_2($A_2 = \pi d_2 l$),以及冷流体的质量流量,即可计算 α_2。

然而,直接测量固体壁面的温度,尤其管内壁的温度,实验技术难度大,而且所测得的数据准确性差,带来较大的实验误差。因此,通过测量相对较易测定的冷热流体温度来间接推算流体与固体壁面间的对流给热系数就成为人们广泛采用的一种实验研究手段。

由式(8-24)得

$$K = \frac{m_2 c_{p2}(t_2 - t_1)}{A\Delta t_m} \qquad (8\text{-}29)$$

实验中测定 m_2、t_1、t_2、T_1、T_2，并查取 $t_{平均} = \frac{1}{2}(t_1 + t_2)$ 下冷流体对应的 c_{p2}、换热面积 A，即可由上式计算得总给热系数 K。

下面通过两种方法来求对流给热系数。

(1)近似法求算对流给热系数 α_2。

以管内壁面积为基准的总给热系数与对流给热系数间的关系为

$$\frac{1}{K} = \frac{1}{\alpha_2} + R_{S2} + \frac{bd_2}{\lambda d_m} + R_{S1}\frac{d_2}{d_1} + \frac{d_2}{\alpha_1 d_1} \qquad (8\text{-}30)$$

式中　d_1——换热管外径，m；

　　　d_2——换热管内径，m；

　　　d_m——换热管的对数平均直径，m；

　　　b——换热管的壁厚，m；

　　　λ——换热管材料的导热系数，W/(m·℃)；

　　　R_{S1}——换热管外侧的污垢热阻，m^2·K/W；

　　　R_{S2}——换热管内侧的污垢热阻，m^2·K/W。

用本装置进行实验时，管内冷流体与管壁间的对流给热系数为几十到几百 W/(m^2·K)；而管外为蒸汽冷凝，α_1 可达 10^4 W/(m^2·K)左右，因此冷凝传热热阻 $\frac{d_2}{\alpha_1 d_1}$ 可忽略，同时蒸汽冷凝较为清洁，因此换热管外侧的污垢热阻 $R_{S1}\frac{d_2}{d_1}$ 也可忽略。实验中的传热元件材料采用紫铜，导热系数为 383.8 W/(m·K)，壁厚为 2.5 mm，因此换热管壁的导热热阻 $\frac{bd_2}{\lambda d_m}$ 也可忽略。若换热管内侧的污垢热阻 R_{S2} 也忽略不计，则由式(8-30)得

$$\alpha_2 \approx K \qquad (8\text{-}31)$$

由此可见，被忽略的传热热阻与冷流体侧对流传热热阻相比越小，此法所得结果的准确性就越高。

(2)传热准数经验式求算对流给热系数 α_2。

对于流体在圆形直管内作强制湍流对流传热，若在如下范围内：$Re = 1.0 \times 10^4 \sim 1.2 \times 10^5$，$Pr = 0.7 \sim 120$，管长与管内径之比 $l/d \geqslant 60$，则传热准数经验式为

$$Nu = 0.023 Re^{0.8} Pr^n \qquad (8\text{-}32)$$

式中　Nu——努塞尔数，$Nu = \frac{\alpha d}{\lambda}$，无因次；

　　　Re——雷诺数，$Re = \frac{du\rho}{\mu}$，无因次；

　　　Pr——普兰特数，$Pr = \frac{c_p \mu}{\lambda}$，无因次；

n——特征系数,当流体被加热时 $n=0.4$,流体被冷却时 $n=0.3$;

α——流体与固体壁面的对流传热系数,W/(m²·℃);

d—— 换热管内径,m;

λ——流体的导热系数,W/(m·℃);

u——流体在管内流动的平均速度,m/s;

ρ——流体的密度,kg/m³;

μ——流体的黏度,Pa·s;

c_p——流体的比热,J/(kg·℃)。

对于水或空气在管内强制对流被加热时,可将式(8-32)改写为

$$\frac{1}{\alpha_2} = \frac{1}{0.023} \times \left(\frac{\pi}{4}\right)^{0.8} \times d_2^{1.8} \times \frac{1}{\lambda_2 Pr_2^{0.4}} \times \left(\frac{\mu_2}{m_2}\right)^{0.8} \tag{8-33}$$

令

$$m = \frac{1}{0.023} \times \left(\frac{\pi}{4}\right)^{0.8} \times d_2^{1.8} \tag{8-34}$$

$$X = \frac{1}{\lambda_2 Pr_2^{0.4}} \times \left(\frac{\mu_2}{m_2}\right)^{0.8} \tag{8-35}$$

$$Y = \frac{1}{K} \tag{8-36}$$

$$C = R_{S2} + \frac{bd_2}{\lambda d_m} + R_{S1}\frac{d_2}{d_1} + \frac{d_2}{\alpha_1 d_1} \tag{8-37}$$

则式(8-30)可写为

$$Y = mX + C \tag{8-38}$$

当测定管内不同流量下的对流给热系数时,由式(8-37)计算所得的 C 值为一常数。管内径 d_2 一定时,m 也为常数。因此,实验时测定不同流量所对应的 t_1、t_2、T_1、T_2,由式(8-27)、式(8-29)、式(8-35)、式(8-36)求取一系列 X、Y 值,再在 X—Y 图上作图或将所得的 X、Y 值回归成一直线,该直线的斜率即为 m。任一冷流体流量下的给热系数 α_2 可用下式求得

$$\alpha_2 = \frac{\lambda_2 Pr_2^{0.4}}{m} \times \left(\frac{m_2}{\mu_2}\right)^{0.8} \tag{8-39}$$

(3)冷流体体积流量的测定。

若用转子流量计测定冷空气的流量,还须用下式换算得到实际的流量:

$$V' = V\sqrt{\frac{\rho(\rho_f - \rho')}{\rho'(\rho_f - \rho)}} \tag{8-40}$$

式中　V'——实际被测流体的体积流量,m³/s;

ρ'——实际被测流体的密度,kg/m³,均可取 $t_{平均} = \frac{1}{2}(t_1 + t_2)$ 下对应水或空气的密度,见冷流体物性与温度的关系式;

V——标定用流体的体积流量,m³/s;

ρ——标定用流体的密度,kg/m³,对水 $\rho = 1\ 000$ kg/m³,对空气 $\rho = 1.205$ kg/m³;

ρ_f——转子材料密度,kg/m³。

于是 $$m_2 = V'\rho' \tag{8-41}$$

若用孔板流量计测冷流体的流量,则

$$m_2 = \rho V \tag{8-42}$$

式中　V——冷流体进口处流量计读数;

　　　ρ——冷流体进口温度下对应的密度。

(4)冷流体物性与温度的关系式。

0~100 ℃时,冷流体的物性与温度的关系有如下拟合公式:

空气的密度与温度的关系式为

$$\rho = 10^{-5}t^2 - 4.5 \times 10^{-3}t + 1.291\ 6$$

空气的比热与温度的关系式为

　　　60 ℃以下　　　　　　　$c_p = 1\ 005\ \text{J}/(\text{kg} \cdot ℃)$

　　　70 ℃以上　　　　　　　$c_p = 1\ 009\ \text{J}/(\text{kg} \cdot ℃)$

空气的导热系数与温度的关系式为

$$\lambda = -2 \times 10^{-8}t^2 + 8 \times 10^{-5}t + 0.024\ 4$$

空气的黏度与温度的关系式为:

$$\mu = (-2 \times 10^{-6}t^2 + 5 \times 10^{-3}t + 1.716\ 9) \times 10^{-5}$$

三、实验装置与流程

(一)实验装置

水蒸气–空气换热流程图如图8-7所示。

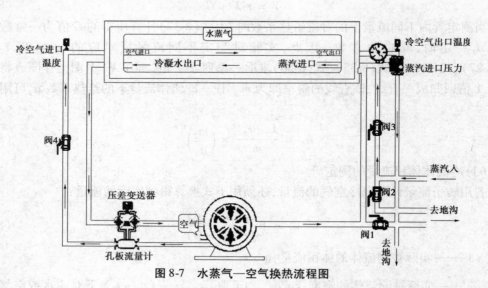

图 8-7　水蒸气—空气换热流程图

　　来自蒸汽发生器的水蒸气进入玻璃套管换热器环隙,与来自风机的空气在套管换热器内进行热交换,冷凝水经疏水器排入地沟。冷空气经孔板流量计或转子流量计进入套管换热器内管(紫铜管),热交换后排出装置外。

(二)设备与仪表规格

(1)紫铜管规格:直径 $\phi 21 \times 2.5$ mm,长度 $L = 1\ 000$ mm。

（2）外套玻璃管规格：直径 $\phi100 \times 5$ mm，长度 $L = 1\,000$ mm。

（3）铂热电阻及智能温度显示仪。

（4）全自动蒸汽发生器及蒸汽压力表。

四、实验步骤与注意事项

（一）实验步骤

（1）打开控制面板上的总电源开关，打开仪表电源开关，使仪表通电预热，观察温度巡检仪显示是否正常。

（2）在蒸汽发生器中灌装清水至水箱的球体中部，开启发生器电源，使水处于加热状态。到达符合条件的蒸汽压力后，系统会自动处于保温状态。

（3）打开控制面板上的风机电源开关，让风机工作，同时打开阀 4，让套管换热器里充有一定量的空气。

（4）打开冷凝水出口阀 1，排出上次实验余留的冷凝水，在整个实验过程中也保持一定开度。注意开度适中，开度太大会使换热器中的蒸汽跑掉，开度太小会使换热玻璃管里的蒸汽压力过大而导致玻璃管炸裂。

（5）在通水蒸气前，也应将蒸汽发生器到实验装置之间管道中的冷凝水排除，否则夹带冷凝水的蒸汽会损坏压力表及压力变送器。具体排除冷凝水的方法是：关闭蒸汽进口阀 3，打开装置下面的冷凝水排除阀 2，让蒸汽压力把管道中的冷凝水带走，当听到蒸汽响时，关闭冷凝水排除阀 2，方可进行下一步实验。

（6）开始通入蒸汽时，要仔细调节蒸汽进口阀 3 的开度，让蒸汽徐徐流入换热器中，逐渐充满系统，使系统由"冷态"转变为"热态"，不得少于 10 min，防止玻璃管因突然受热、受压而爆裂。

（7）上述准备工作结束，系统也处于"热态"后，调节蒸汽进口阀 3，使蒸汽进口压力维持在 0.01 MPa，可通过调节蒸汽发生器出口球阀及蒸汽进口阀 3 开度来实现。

（8）手动调节冷空气进口流量时，可通过调节空气进口阀 4，改变冷流体的流量到一定值，在每个流量条件下，均须待热交换过程稳定后方可记录实验数值，一般每个流量下至少应使热交换过程保持 15 min 方视为稳定；改变流量，记录不同流量下的实验数值。

（9）记录 6 ~ 8 组实验数据，可结束实验。先关闭蒸汽发生器，关闭蒸汽进口阀 3，关闭仪表电源，待系统逐渐冷却后关闭风机电源，待冷凝水流尽，关闭冷凝水出口阀，关闭总电源。

（10）打开实验软件，输入实验数据，进行后续处理。

（二）注意事项

（1）打开排冷凝水的出口阀 1，注意只开一定的开度，开得太大会使换热器里的蒸汽跑掉，开得太小会使换热玻璃管里的蒸汽压力增大而使玻璃管炸裂。

（2）一定要在套管换热器内管输以一定量的空气后，方可开启蒸汽阀门，且必须在排除蒸汽管线上原先积存的凝结水后，方可把蒸汽通入套管换热器中。

（3）操作过程中，蒸汽压力一般控制在 0.05 MPa（表压）以下，否则可能造成玻璃管爆裂和填料损坏。

（4）确定各参数时，必须是在稳定传热状态下，随时注意蒸汽量的调节和压力表读数的调整。

五、实验数据处理

（1）双击打开数据处理软件"HeatExperiment. exe"，在界面左上"设置"的下拉菜单中输入装置参数管长、管内径及转子流量计的转子密度。

在本实验装置中，管长为 1 m，管内径为 16 mm，转子流量计的转子密度为 7.9×10^3 kg/m³。

（2）在界面右侧选择冷流体类型和流量计类型，在"数据组数"中输入本次实验所作的总数据组数，并点"新建实验"，可得数据记录表格一张。在原始数据框中输入完各值后，点"数据计算"，再点"显示结果"，可以表格形式得到本实验所要的最终处理结果，点"显示曲线"，则可得到实验结果的曲线对比图和拟合公式。

（3）数据输入错误，或明显不符合实验情况，程序会有警告对话框跳出。每次修改数据后，都应点击"修改数据"，再按步骤（2）中次序，点击"数据计算""显示结果"和"显示曲线"。

（4）记录软件处理结果，并可作为手算处理的对照。结束，点"退出程序"。

六、实验报告

（1）将冷流体给热系数的实验值与理论值列表比较，计算各点误差，并分析讨论。

（2）冷流体给热系数的准数式为 $Nu/Pr^{0.4} = ARe^m$，由实验数据作图得出，拟合曲线方程，确定式中常数 A 及 m。

（3）以 $\ln(Nu/Pr^{0.4})$ 为纵坐标，$\ln Re$ 为横坐标，将两种方法处理的实验数据的结果标绘在图上，并与经验式 $Nu/Pr^{0.4} = 0.023 Re^{0.8}$ 比较。

七、思考题

（1）实验中冷流体和蒸汽的流向对传热效果有何影响？

（2）在计算空气质量流量时所用到的密度值与求雷诺数时的密度值是否一致？它们分别表示什么位置的密度？应在什么条件下进行计算？

（3）实验过程中，冷凝水不及时排走，会产生什么影响？如何及时排走冷凝水？如果采用不同压强的蒸汽进行实验，对 α 关联式有何影响？

实验七　筛板塔精馏过程实验

一、实验目的

（1）了解筛板精馏塔及其附属设备的基本结构，掌握精馏过程的基本操作方法。

（2）学会判断系统达到稳定的方法，掌握测定塔顶、塔釜溶液浓度的实验方法。

（3）学习测定精馏塔全塔效率和单板效率的实验方法，研究回流比对精馏塔分离效率的影响。

二、实验原理

（一）全塔效率 E_T

全塔效率又称总板效率，是指达到指定分离效果所需理论板数与实际板数的比值，即

$$E_T = \frac{N_T - 1}{N_P} \tag{8-43}$$

式中　N_T——完成一定分离任务所需的理论塔板数，包括蒸馏釜；

　　　N_P——完成一定分离任务所需的实际塔板数，本装置 $N_P = 10$。

全塔效率简单地反映了整个塔内塔板的平均效率，说明了塔板结构、物性系数、操作状况对塔分离能力的影响。对于塔内所需理论塔板数 N_T，可由已知的双组分物系平衡关系，以及实验中测得的塔顶、塔釜出液的组成，回流比 R 和热状况 q 等，用图解法求得。

（二）单板效率 E_M

单板效率又称莫弗里板效率，是指气相或液相经过一层实际塔板前后的组成变化值与经过一层理论塔板前后的组成变化值之比，如图 8-8 所示。

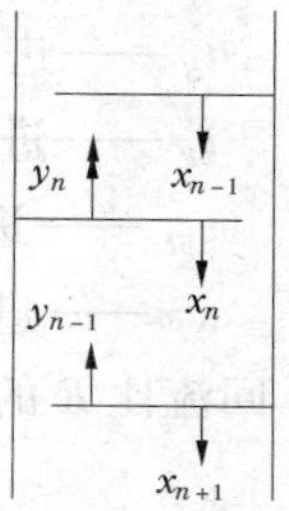

按气相组成变化表示的单板效率为

$$E_{MV} = \frac{y_n - y_{n+1}}{y_n^* - y_{n+1}} \tag{8-44}$$

按液相组成变化表示的单板效率为

$$E_{ML} = \frac{x_{n-1} - x_n}{x_{n-1} - x_n^*} \tag{8-45}$$

图 8-8　塔板气液流向示意

式中　y_n、y_{n+1}——离开第 n、$n+1$ 块塔板的气相组成，摩尔分数；

　　　x_{n-1}、x_n——离开第 $n-1$、n 块塔板的液相组成，摩尔分数；

　　　y_n^*——与 x_n 成平衡的气相组成，摩尔分数；

　　　x_n^*——与 y_n 成平衡的液相组成，摩尔分数。

（三）图解法求理论塔板数 N_T

图解法又称麦卡勃 – 蒂列（McCabe – Thiele）法，简称 M—T 法，其原理与逐板计算法完全相同，只是将逐板计算过程在 y—x 图上直观地表示出来。

精馏段的操作线方程为

$$y_{n+1} = \frac{R}{R+1} x_n + \frac{x_D}{R+1} \tag{8-46}$$

式中　y_{n+1}——精馏段第 $n+1$ 块塔板上升的蒸汽组成，摩尔分数；

　　　x_n——精馏段第 n 块塔板下流的液体组成，摩尔分数；

　　　x_D——塔顶馏出液的液体组成，摩尔分数；

　　　R——泡点回流下的回流比。

提馏段的操作线方程为

$$y_{m+1} = \frac{L'}{L'-W} x_m - \frac{W x_W}{L'-W} \tag{8-47}$$

式中　y_{m+1}——提馏段第 $m+1$ 块塔板上升的蒸汽组成，摩尔分数；

x_m ——提馏段第 m 块塔板下流的液体组成,摩尔分数;

x_W ——塔底釜液的液体组成,摩尔分数;

L' ——提馏段内下流的液体量,kmol/s;

W ——釜液流量,kmol/s。

加料线(q 线)方程可表示为

$$y = \frac{q}{q-1}x - \frac{x_F}{q-1}$$

$$q = 1 + \frac{c_{pF}(t_S - t_F)}{r_F} \tag{8-48}$$

式中 q ——进料热状况参数;

r_F ——进料液组成下的汽化潜热,kJ/kmol;

t_S ——进料液的泡点温度,℃;

t_F ——进料液温度,℃;

c_{pF} ——进料液在平均温度 $(t_S - t_F)/2$ 下的比热容,kJ/(kmol·℃);

x_F ——进料液组成,摩尔分数。

回流比 R 的计算公式为

$$R = \frac{L}{D} \tag{8-49}$$

式中 L ——回流液量,kmol/s;

D ——馏出液量,kmol/s。

上式只适用于泡点下回流时的情况,而实际操作时为了保证上升气流能完全冷凝,冷却水量一般都比较大,回流液温度往往低于泡点温度,即冷液回流。

如图 8-9 所示,从全凝器出来的温度为 t_R、流量为 L 的液体回流进入塔顶第一块板,由于回流温度低于第一块塔板上的液相温度,离开第一块塔板的一部分上升蒸汽将被冷凝成液体。这样,塔内的实际流量将大于塔外回流量。

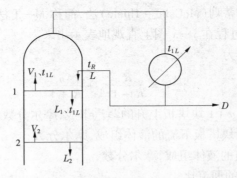

图 8-9　塔顶回流示意图

对第一块板进行物料、热量衡算,得

$$V_1 + L_1 = V_2 + L$$

$$V_1 I_{V1} + L_1 I_{L1} = V_2 I_{V2} + L I_L$$

对上两式整理、化简后,近似可得

$$L_1 \approx L\left[1 + \frac{c_p(t_{1L} - t_R)}{r}\right]$$

即实际回流比为

$$R_1 = \frac{L_1}{D} = \frac{L\left[1 + \frac{c_p(t_{1L} - t_R)}{r}\right]}{D} \tag{8-50}$$

式中　V_1、V_2——离开第1、2块板的气相摩尔流量,kmol/s;

　　　L_1——塔内实际液流量,kmol/s;

　　　I_{V1}、I_{V2}、I_{L1}、I_L——对应V_1、V_2、L_1、L下的焓值,kJ/kmol;

　　　r——回流液组成下的汽化潜热,kJ/kmol;

　　　c_p——回流液在t_{1L}与t_R平均温度下的平均比热容,kJ/(kmol·℃)。

(1)全回流操作。

精馏全回流操作时,操作线在y—x图上为对角线,如图8-10所示,根据塔顶、塔釜的组成,在操作线和平衡线间作梯级,即可得到理论塔板数。

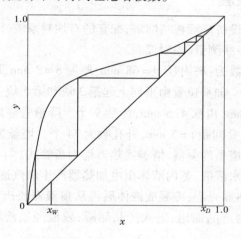

图8-10　全回流时理论板数的确定

(2)部分回流操作。

部分回流操作时,如图8-11所示,图解法的主要步骤为:

①根据物系和操作压力在y—x图上作出相平衡曲线,并画出对角线作为辅助线;

②在x轴上定出$x = x_D$、x_F、x_W三点,依次通过这三点作垂线分别交对角线于点a、f、b;

③在y轴上定出$y_C = x_D/(R+1)$的点c,连接a、c作出精馏段操作线;

④由进料热状况求出q线的斜率$q/(q-1)$,过点f作出q线交精馏段操作线于点d;

⑤连接点d、b作出提馏段操作线;

⑥从点a开始在平衡线和精馏段操作线之间画阶梯,当梯级跨过点d时,就改在平衡线和提馏段操作线之间画阶梯,直至梯级跨过点b为止;

⑦所画的总阶梯数就是全塔所需的理论踏板数(包含再沸器),跨过点d的那块板就是加料板,其上的阶梯数为精馏段的理论塔板数。

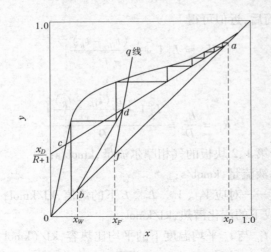

图 8-11　部分回流时理论板数的确定

三、实验装置和流程

本实验装置的主体设备是筛板精馏塔,配套的有加料系统、回流系统、产品出料管路、残液出料管路、进料泵和一些测量、控制仪表。

筛板塔主要结构参数为:塔内径 $D=68$ mm,厚度 $\delta=2$ mm,塔节 $\phi76\times4$,塔板数 $N=10$ 块,板间距 $H_T=100$ mm。加料位置由下向上起第 3 块和第 5 块。降液管采用弓形、齿形堰,堰长 56 mm,堰高 7.3 mm,齿深 4.6 mm,齿数 9 个。降液管底隙 4.5 mm。筛孔直径 $d_0=1.5$ mm,正三角形排列,孔间距 $t=5$ mm,开孔数为 74 个。塔釜为内电加热式,加热功率 2.5 kW,有效容积为 10 L。塔顶冷凝器、塔釜换热器均为盘管式。

本实验料液为乙醇水溶液,釜内液体由电加热器产生蒸汽逐板上升,经与各板上的液体传质后,进入盘管式换热器壳程,冷凝成液体后再从集液器流出,一部分作为回流液从塔顶流入塔内,另一部分作为产品馏出,进入产品储罐;残液经釜液转子流量计流入釜液储罐。精馏过程如图 8-12 所示。

四、实验步骤与注意事项

(一)实验步骤
本实验的主要操作步骤如下。

1. 全回流
(1)配制浓度 10%~20%(体积百分比)的料液加入釜中,至釜容积的 2/3 处。

(2)检查各阀门位置,启动电加热管电源,使塔釜温度缓慢上升(因塔中部玻璃部分较为脆弱,若加热过快玻璃极易碎裂,使整个精馏塔报废,因此升温过程应尽可能缓慢)。

(3)打开塔顶冷凝器的冷却水,调节为合适的冷凝量,并关闭塔顶出料管路和料液进料管路,使整塔处于全回流状态。

(4)当塔顶温度、回流量和塔釜温度稳定后,分别取塔顶浓度 x_D 和塔釜浓度 x_W,送色谱分析仪分析。

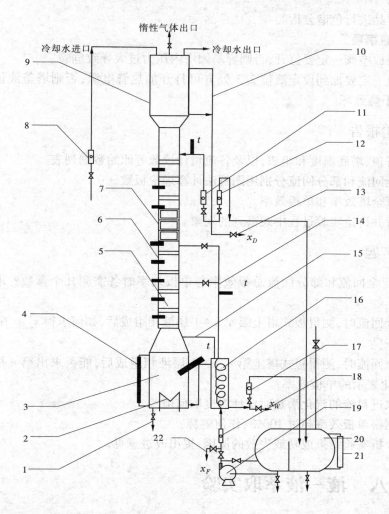

1—塔釜排液口;2—电加热器;3—塔釜;4—塔釜液位计;5—塔板;6—温度计(其余均以 t 表示);7—窥视节;
8—冷却水流量计;9—盘管冷凝器;10—塔顶平衡管;11—回流液流量计;12—塔顶出料流量计;13—产品取样口;
14—进料管路;15—塔釜平衡管;16—盘管换热器;17—塔釜出料流量计;18—进料流量计;19—进料泵;
20—产品、残液储槽;21—料槽液位计;22—料液取样口

图 8-12 筛板塔精馏过程示意图

2. 部分回流

(1)在储料罐中配制一定浓度的乙醇水溶液(10%～20%)。

(2)待塔全回流操作稳定时,打开进料阀,调节进料量至适当的流量。

(3)控制塔顶回流和出料两转子流量计,调节回流比 $R(R=1～4)$。

(4)当塔顶、塔内温度读数稳定后即可取样。

3. 取样与分析

(1)进料、塔顶、塔釜从各相应的取样阀放出。

(2)塔板取样用注射器从所测定的塔板中缓缓抽出,取 1 mL 左右注入事先洗净烘干的针剂瓶中,并给该瓶盖标号以免出错,各个样品尽可能同时取样。

（3）将样品进行色谱分析。

（二）注意事项

（1）塔顶放空阀一定要打开，否则容易因塔内压力过大导致危险。

（2）料液一定要加到设定液位 2/3 处方可打开加热管电源，否则塔釜液位过低会使电加热丝露出干烧致坏。

五、实验报告

（1）将塔顶、塔底温度和组成，以及各流量计读数等原始数据列表。

（2）按全回流和部分回流分别用图解法计算理论板数。

（3）计算全塔效率和单板效率。

（4）分析并讨论实验过程中观察到的现象。

六、思考题

（1）测定全回流和部分回流总板效率与单板效率时各需测几个参数？取样位置在何处？

（2）在全回流时，测得板式塔上第 n、$n-1$ 层液相组成后，如何求得 x_n^*？在部分回流时，又如何求得 x_n^*？

（3）在全回流时，测得板式塔上第 n、$n-1$ 层液相组成后，能否求出第 n 层塔板上的以气相组成变化表示的单板效率？

（4）查取进料液的汽化潜热时定性温度取何值？

（5）若测得单板效率超过 100%，作何解释？

（6）试分析实验结果成功或失败的原因，提出改进意见。

实验八　液—液萃取实验

一、实验目的

（1）了解转盘塔设备的结构和特点。

（2）掌握转盘塔的操作。

（3）掌握传质单元高度的测定方法。

二、实验原理

液—液萃取也称溶剂萃取，又称抽提。它是分离和提纯物质的重要单元操作之一。在液态混合物（第一液相）中加入与其不完全混溶的流体作为溶剂，造成第二液相，利用溶液（第一液相）中各组分在两液相之间不同的分配关系，按相际传递过程把各组分分离开来。在液—液系统中，两相间的密度差较小，界面张力也不大，所以从过程进行的流体力学条件看，在液—液相的接触过程中，能用于强化过程的惯性力不大，同时已分散的两相，分层分离能力也不高。为了提高液—液相传质设备的效率，常常从外界补给能量，如搅拌、脉动、振动等。

转盘塔则属于搅拌一类。为使两相逆流和两相分离,需要一定的分层段,以保证有足够的保留时间,让分散的液相凝聚,实现两相的分离。

与精馏和吸收过程类似,由于过程的复杂性,萃取过程也被分解为理论级和级效率,或者传质单元数和传质单元高度,对于转盘萃取塔、振动萃取塔这类微分接触萃取塔的传质过程,一般采用传质单元数和传质单元高度来表征塔的传质特性。

传质单元数 N_{OE} 表示过程分离的难易程度。对于稀溶液,近似用下式表示:

$$N_{OE} = \int_{X_2}^{X_1} \frac{dX}{X - X^*} = \ln \frac{X_1 - X^*}{X_2 - X^*} \tag{8-51}$$

式中　N_{OE}——萃取相总传质单元数;

　　　X——萃取相的溶质浓度(以摩尔分率表示,下同);

　　　X^*——与相应萃余相浓度成平衡的萃取相(水)的溶质浓度;

　　　X_1、X_2——萃取相进塔和出塔的浓度。

萃取相的传质单元高度用 H_{OE} 表示,计算公式为

$$H_{OE} = \frac{H}{N_{OE}} \tag{8-52}$$

式中　H_{OE}——以萃余相为基准的传质单元高度。

由塔高 H 和所测定的传质单元数 N_{OE},从上式可求得传质单元高度 H_{OE}。传质单元高度 H_{OE} 表示设备传质性能的优劣。H_{OE} 越大,设备效率越低。影响萃取设备传质性能的优劣的因素很多,主要有设备结构因素、两相物性因素、操作因素及外加能量的形式和大小。

三、实验装置和流程

(一)实验装置

本实验装置为转盘式萃取塔。转盘式萃取塔是一种效率比较高的液—液萃取设备。本实验的转盘塔塔身由玻璃制成,转轴、转盘、固定盘由不锈钢制成。转盘塔上下两端各有一段澄清段,使每一相在澄清段有一定的停留时间,以便两液相的分离。在萃取区,一组转盘固定在中心转轴上,沿塔壁则固定着一组固定盘,转轴由在塔顶的调速电机驱动,两液相被转盘强制性混合。转盘塔具有以下几个特点:

(1)结构简单、造价低廉、维修方便、操作稳定;

(2)处理能力大、分离效率高;

(3)操作弹性大。

(二)实验流程

液—液萃取原理图和实验流程图见图 8-13。在本实验中,将含有苯甲酸的煤油从高处通过油转子流量计进入转盘塔底部,由于两相的密度差,煤油从底部往上运动到塔顶,经澄清段分层后从塔顶油相出口排出。从水箱的底部流出的水经转子流量计进入转盘塔上部,在重力的作用下,水从塔的上部往下运动到塔底,经下部的澄清段后从塔底水相出口排出。在塔中,水和煤油在转盘搅拌下被强制混合,煤油中的苯甲酸被萃取到水相中。

四、实验内容、步骤及浓度分析方法

(一)实验内容

本实验用水萃取煤油中的苯甲酸,选用的萃取剂(水)与料液(煤油)之比为 4∶1,以煤

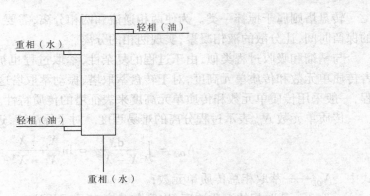

图 8-13　液—液萃取原理图

油为分散相,水为连续相,进行逆相连续萃取过程操作。同时,测定进塔、出塔煤油中苯甲酸的浓度及出塔水中苯甲酸的浓度。由此推算出该塔的传质单元高度。

(二)实验步骤

(1)将一定量的苯甲酸溶于煤油中(约 0.03 mol/L)并搅拌混匀,使煤油中各部分苯甲酸的浓度相等,并测定其浓度。

(2)开启煤油泵,将煤油送入高位槽。开启水泵,将水送入水高位槽;调节转子流量计,将水相流量调节为 20 L/h,油相流量调节为 5 L/h,转轴转数调节到 500 r/min 左右。

(3)待进出口流量及转数稳定后,每隔半小时进行取样分析,直到出口水中苯甲酸浓度趋于稳定。

(4)在出水口用温度计测定体系温度。

(5)在体系温度下,按校正后的流量比,取相同的进塔煤油和出塔水体积比。在烧杯中长时间搅拌,测定出苯甲酸在水中的平衡浓度。

(6)实验完毕,关闭电源,将高位槽和塔中的煤油与水放尽。

(7)整理所记录的实验数据,进行处理。

(三)苯甲酸的浓度分析方法

本实验分析方法采用化学酸碱滴定法。用配制的氢氧化钠标准溶液滴定水和油中的苯甲酸。用酚酞作指示剂,在滴定的过程中,当溶液恰好变为粉红色且不再褪色时即到达滴定终点。

五、仪器和试剂

(一)仪器

移液管(10 mL)3 根,碱式滴定管(50 mL)1 根,容量瓶(500 mL)1 个,吸耳球 1 个,烧杯 3 个,锥形瓶(100 mL)2 个,磁力搅拌器及转子,分液漏斗。

(二)试剂

氢氧化钠(分析纯)、酚酞试剂。

六、实验数据记录

填写数据记录表(见表 8-4)。

表 8-4　数据记录表

体系温度：_____（℃）　萃取相：_____　萃余相：_____

塔高：____70____ cm　水油体积流量比：_____

氢氧化钠浓度 X_{NaOH} = _____ mol/mL

进料油中苯甲酸的浓度 $X_{油进}$ = _____ mol/mL

平衡液中苯甲酸的浓度 X^* = _____ mol/mL

序号	操作参数				出塔水中 50 mL 溶液耗用氢氧化钠标准溶液体积 v_1（mL）	出塔油中 50 mL 溶液耗用氢氧化钠标准溶液体积 v_2（mL）	物料衡算相对误差
	流量（L/h）		时间（min）	转速（r/min）			
	$V_水$	$V_油$					
1							
2							
3							
4							
5							
6							

七、实验数据处理

（一）各相浓度的计算

苯甲酸在出塔水中的浓度：$X_2 = \dfrac{v_1 X_{NaOH}}{50}$

苯甲酸在进塔水中的浓度：X_1 近似取为 0

苯甲酸在平衡液中的浓度：$X^* =$

苯甲酸在进塔油中的浓度：$X_{油进} =$

苯甲酸在出塔油中的浓度：$X_3 = \dfrac{v_2 X_{NaOH}}{50}$

（二）物料衡算

水相苯甲酸的量：$V_水(X_2 - X_1)$

油相苯甲酸的量：$V_油(X_{油进} - X_3)$

物料衡算相对误差：$\dfrac{V_油(X_{油进} - X_3) - V_水(X_2 - X_1)}{V_油(X_{油进} - X_3)} \times 100\%$

（三）传质单元数及传质高度的计算

$$N_{OE} = \int_{X_2}^{X_1} \frac{dX}{X - X^*} = \ln \frac{X_1 - X^*}{X_2 - X^*}$$

$$H_{OE} = H/N_{OE}$$

八、注意事项

（1）实验中应注意全塔的物料平衡，进出塔苯甲酸误差应小于 5%。

（2）由于流量计读数是在 20 ℃下用水标定，所以油相流量计读数需要校正。

（3）在实验过程中如转轴发生异常响动,应立即切断电源,查找原因。

（4）如遇流量开不大,应查对应管路中是否有气泡,并设法排除。

九、思考题

（1）在本实验中水相是轻相还是重相,是分散相还是连续相?

（2）转速和油水流量比对萃取过程有何影响?

（3）在本实验中分散相的液滴在塔内如何运动?

（4）传质单元数与哪些因素有关?

■ 实验九　　干燥特性曲线测定实验

一、实验目的

（1）了解洞道式干燥装置的基本结构、工艺流程和操作方法。

（2）学习测定物料在恒定干燥条件下干燥特性的实验方法。

（3）掌握根据实验干燥曲线求取干燥速率曲线及恒速阶段干燥速率、临界含水量、平衡含水量的实验分析方法。

（4）实验研究干燥条件对于干燥过程特性的影响。

二、实验原理

在设计干燥器的尺寸或确定干燥器的生产能力时,被干燥物料在给定干燥条件下的干燥速率、临界湿含量和平衡湿含量等干燥特性数据是最基本的技术依据参数。由于实际生产中的被干燥物料的性质千变万化,因此对于大多数具体的被干燥物料而言,其干燥特性数据常常需要通过实验测定。

按干燥过程中空气状态参数是否变化,可将干燥过程分为恒定干燥条件操作和非恒定干燥条件操作两大类。若用大量空气干燥少量物料,则可以认为湿空气在干燥过程中温度、湿度均不变,气流速度、与物料的接触方式不变,则称这种操作为恒定干燥条件下的干燥操作。

（一）干燥速率的定义

干燥速率是指单位干燥表面积(提供水汽化的面积)、单位时间内所除去的水分质量。即

$$U = \frac{\mathrm{d}W}{A\mathrm{d}\tau} = -\frac{G_c\mathrm{d}X}{A\mathrm{d}\tau} \tag{8-53}$$

式中　U——干燥速率,又称干燥通量,$kg/(m^2 \cdot h)$;

　　　A——干燥表面积,m^2;

　　　W——汽化的水分量,kg;

　　　τ——干燥时间,h;

　　　G_c——绝干物料的质量,kg;

　　　X——物料湿含量,kg 水$/kg$ 绝干物料,负号表示 X 随干燥时间的增加而减少。

（二）干燥速率的测定方法

将湿物料试样置于恒定空气流中进行干燥实验，随着干燥时间的延长，水分不断汽化，湿物料质量减少。若记录物料不同时间下的质量 G，直到物料质量不变，也就是物料在该条件下达到干燥极限为止，此时留在物料中的水分就是平衡水分 X^*。再将物料烘干后称重得到绝干物料重 G_c，则物料中瞬间含水率 X 为

$$X = \frac{G - G_c}{G_c}$$

计算出每一时刻的瞬间含水率 X，然后将 X 对干燥时间 τ 作图（见图 8-14），即为干燥曲线。

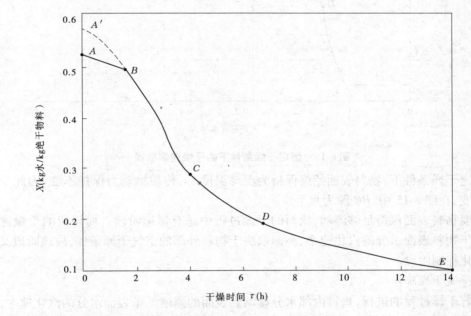

图 8-14　恒定干燥条件下的干燥曲线

上述干燥曲线还可以变换得到干燥速率曲线。由已测得的干燥曲线求出不同 X 下的斜率 $\dfrac{\mathrm{d}X}{\mathrm{d}\tau}$，再由 $U = \dfrac{\mathrm{d}W}{A\mathrm{d}\tau} = -\dfrac{G_c\mathrm{d}X}{A\mathrm{d}\tau}$ 计算得到干燥速率 U，将 U 对 X 作图，就是干燥速率曲线，如图 8-15 所示。

（三）干燥过程分析

1. 预热段

预热段见图 8-14、图 8-15 中的 AB 段或 $A'B$ 段。物料在预热段中，含水率略有下降，温度则升至湿球温度 t_W，干燥速率可能呈上升趋势变化，也可能呈下降趋势变化。预热段经历的时间很短，通常在干燥计算中忽略不计，有些干燥过程甚至没有预热段。本实验中也没有预热段。

2. 恒速干燥阶段

恒速干燥阶段见图 8-14、图 8-15 中的 BC 段。该段物料水分不断汽化，含水率不断下降。但由于这一阶段去除的是物料表面附着的非结合水分，水分去除的机制与纯水的相同，

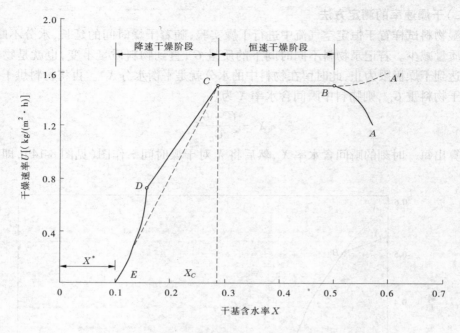

图 8-15　恒定干燥条件下的干燥速率曲线

故在恒定干燥条件下,物料表面始终保持为湿球温度 t_w,传质推动力保持不变,因此干燥速率也不变,在图 8-15 中,BC 段为水平线。

只要物料表面保持足够湿润,物料的干燥过程中总有恒速阶段。而该段的干燥速率大小取决于物料表面水分的汽化速率,亦即取决于物料外部的空气干燥条件,故该阶段又称为表面汽化控制阶段。

3. 降速干燥阶段

随着干燥过程的进行,物料内部水分移动到表面的速度低于表面水分的汽化速率,物料表面局部出现"干区",尽管这时物料其余表面的平衡蒸汽压仍与纯水的饱和蒸汽压相同,传质推动力也仍为湿度差,但以物料全部外表面计算的干燥速率因"干区"的出现而降低,此时物料中的含水率称为临界含水率,用 X_C 表示,对应图 8-15 中的 C 点,称为临界点。过 C 点以后,干燥速率逐渐降低至 D 点,C 至 D 阶段称为降速第一阶段。

干燥到点 D 时,物料全部表面都成为干区,汽化面逐渐向物料内部移动,汽化所需的热量必须通过已被干燥的固体层才能传递到汽化面;从物料中汽化的水分也必须通过这层干燥层才能传递到空气主流中。干燥速率因热、质传递的途径加长而下降。此外,在点 D 以后,物料中的非结合水分已被除尽。接下来所汽化的是各种形式的结合水,因此平衡蒸汽压将逐渐下降,传质推动力减小,干燥速率也随之较快降低,直至到达点 E 时,速率降为零。这一阶段称为降速第二阶段。

降速干燥阶段干燥速率曲线的形状随物料内部的结构而异,不一定都呈现前面所述的曲线 CDE 形状。对于某些多孔性物料,可能降速两个阶段的界限不是很明显,曲线好像只有 CD 段;对于某些无孔性吸水物料,汽化只在表面进行,干燥速率取决于固体内部水分的扩散速率,故降速阶段只有类似 DE 段的曲线。

与恒速阶段相比,降速阶段从物料中除去的水分量相对少许多,但所需的干燥时间却长得多。总之,降速阶段的干燥速率取决于物料本身的结构、形状和尺寸,而与干燥介质状况关系不大,因此降速阶段又称物料内部迁移控制阶段。

三、实验装置流程

(一)装置流程

干燥装置流程图如图8-16所示。空气由鼓风机送入电加热器,经加热后流入干燥室,加热干燥室料盘中的湿物料后,经排出管道通入大气中。随着干燥过程的进行,物料失去的水分量由称重传感器转化为电信号,并由智能数显仪表记录下来(或通过固定间隔时间,读取该时刻的湿物料质量)。

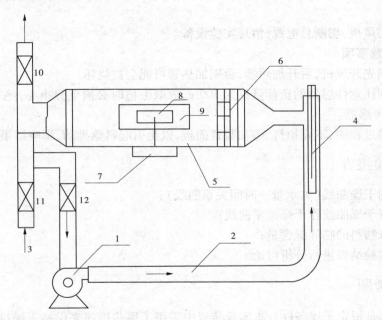

1—风机;2—管道;3—进风口;4—加热器;5—厢式干燥器;6—气流均布器;
7—称重传感器;8—湿毛毡;9—玻璃视镜门;10,11,12—蝶阀

图8-16　干燥装置流程图

(二)主要设备及仪器

(1)鼓风机:BYF7122,370 W。

(2)电加热器:额定功率4.5 kW。

(3)干燥室:180 mm×180 mm×1 250 mm。

(4)干燥物料:湿毛毡或湿沙,$d = 80$ mm。

(5)称重传感器:CZ500 型,0~500 g。

四、实验步骤与注意事项

(一)实验步骤

(1)放置托盘,开启总电源,开启风机电源。

(2)打开仪表电源开关,加热器通电加热,旋转加热按钮至适当加热电压(根据实验室温度和实验讲解时间长短)。在 U 形湿漏斗中加入一定水量,并关注干球温度,干燥室温度(干球温度)要求达到恒定温度(例如 70 ℃)。

(3)将毛毡加入一定量的水中并使其润湿均匀,注意水量不能过多或过少。

(4)当干燥室温度恒定在 70 ℃时,将湿毛毡十分小心地放置于称重传感器上。放置毛毡时,应特别注意不能用力下压,因称重传感器的测量上限仅为 500 g,用力过大容易损坏称重传感器。

(5)记录时间和脱水量,每分钟记录一次质量数据,每两分钟记录一次干球温度和湿球温度。

(6)待毛毡恒重时,即为实验终了时,关闭仪表电源,注意保护称重传感器,非常小心地取下毛毡。

(7)关闭风机,切断总电源,清理实验设备。

(二)注意事项

(1)必须先开风机,后开加热器,否则加热管可能会被烧坏。

(2)特别注意传感器的负荷量仅为 500 g,放取毛毡时必须十分小心,绝对不能下压,以免损坏称重传感器。

(3)实验过程中,不要拍打、碰扣装置面板,以免引起料盘晃动,影响结果。

五、实验报告

(1)绘制干燥曲线(失水量—时间关系曲线);

(2)根据干燥曲线作干燥速率曲线;

(3)读取物料的临界湿含量;

(4)对实验结果进行分析讨论。

六、思考题

(1)什么是恒定干燥条件? 本实验装置中采用了哪些措施来保持干燥过程在恒定干燥条件下进行?

(2)控制恒速干燥阶段速率的因素是什么? 控制降速干燥阶段干燥速率的因素又是什么?

(3)为什么要先启动风机,再启动加热器? 实验过程中干、湿球温度计是否变化? 为什么? 如何判断实验已经结束?

(4)若加大热空气流量,干燥速率曲线有何变化? 恒速干燥速率、临界湿含量又如何变化? 为什么?

项目九　化学分析实验

1. 掌握乳及乳制品酸度的测定方法和操作技能。
2. 熟悉用酸标准溶液滴定法测定废水的碱度。
3. 了解利用双指示剂法测定 Na_2CO_3 和 $NaHCO_3$ 混合物的原理与方法。
4. 熟悉银量法测定氯的原理和方法。
5. 掌握索氏提取法的基本操作要点及影响因素。
6. 了解微量凯氏定氮法的原理及操作要点。

实验一　乳及其他乳制品中酸度的测定

一、实验目的

(1)进一步熟悉及规范滴定操作。
(2)了解酸碱滴定法测定乳及乳制品酸度的原理和操作要点。
(3)掌握乳及乳制品酸度的测定方法和操作技能。

二、实验原理

以酚酞为指示液,用 0.100 0 mol/L NaOH 标准溶液滴定 100 g 试样至终点所消耗的 NaOH 标准溶液的体积,经计算确定试样的酸度。

三、仪器、试剂和材料

(一)仪器

天平:感量为 1 mg。
碱式滴定管:分刻度为 0.1 mL。
锥形瓶、电炉等。

(二)试剂

NaOH 标准溶液:0.100 0 mol/L。
酚酞指示液:称取 0.5 g 酚酞溶于 75 mL 体积分数为 95% 的乙醇中,并加 20 mL 水,然后滴加 NaOH 溶液至微粉色,再加水定容至 100 mL。

(三)材料

纯牛奶。

四、实验步骤

方法一:称取 10 g(精确到 0.001 g)已混匀的试样,置于 150 mL 锥形瓶中,加 20 mL 新煮沸冷却至室温的水,混匀,用 NaOH 标准溶液电位滴定至 pH=8.3 为终点。记录消耗的 NaOH 标准溶液的体积,代入公式进行计算。

方法二:称取 10 g(精确到 0.001 g)已混匀的试样,置于 150 mL 锥形瓶中,加 20 mL 新煮沸冷却至室温的水,混匀,加 2.0 mL 酚酞指示液,混匀后用 NaOH 标准溶液滴定至微红色,在 30 s 内不褪色为终点,记录消耗的 NaOH 标准滴定溶液的体积,代入公式进行计算。

五、结果处理

(一)数据记录

填写数据记录表(见表 9-1)。

表 9-1　数据记录表

项目	滴定序号	
	1	2
试样的质量(g)		
NaOH 标准溶液的浓度(mol/L)		
NaOH 溶液的初读数(mL)		
NaOH 溶液的终读数(mL)		
消耗 NaOH 的体积(mL)		
酸度(°T)		

(二)试样酸度的计算

试样酸度的计算公式为

$$X = \frac{c \cdot V \cdot 100}{m \cdot 0.1}$$

式中　X——试样的酸度,°T;

　　　c—— NaOH 标准溶液的摩尔浓度,mol/L;

　　　V——滴定时消耗 NaOH 标准溶液的体积,mL;

　　　m——试样的质量,g;

　　　0.1——酸度理论定义 NaOH 标准溶液的摩尔浓度,mol/L。

(三)有效数字的保留

结果保留三位有效数字。

(四)精密度的要求

在重复性条件下获得的两次独立测定结果的绝对差值不得超过 1.0 °T。

(五)结果报告

重复条件下获得的两次独立测定结果的算术平均值。

六、说明及注意事项

（1）公式代入时，c 是实际标定的 NaOH 标准溶液的摩尔浓度，m 是实际称量的试样的质量。

（2）测定结果的影响因素如下：

①试剂的浓度和用量。

酚酞浓度不一样，到终点时 pH 稍有差异，酚酞指示液有没有用 NaOH 调至粉红色，实验结果会不一样，应按规定加入，尽量避免误差。

②稀释时的加水量。

所加的水量不一样，滴定值也不一样，主要是碱性磷酸三钙的作用，应按国家标准，0.5% 酚酞 0.5 mL，水 20 mL。

③碱液浓度。

规定为 0.1 mol/L NaOH 标准溶液，用时标定，配制时应除去二氧化碳。

④终点确定。

要求滴定到微红色，微红色的持续时间有长短。每个人对微红色的主观感觉也有差异，要求 30 s 到 1 min 内不褪色为终点，视力误差为 0.5~1 °T。

牛奶的酸度除滴定酸度外，也可用乳酸的百分数来表示，与总酸度的计算方法一样，也可由滴定酸度直接换算成乳酸%（1 °T=0.09% 乳酸）。

■ 实验二　废水碱度的测定

一、实验目的

学习用酸标准溶液滴定法测定废水的碱度。

二、实验原理

水的碱度是指所含能与强酸定量作用的物质的总量。

碱度的测定值因使用的指示剂终点 pH 不同而有很大的差异，只有当试样中的化学组分已知时，才能解释为具体的物质。对于天然水和未污染的地表水，可直接以酸滴定至 pH 为 8.3 时消耗的量，为酚酞碱度。以酸滴定至 pH 为 4.4~4.5 时消耗的量，为甲基橙酸度。通过计算，求出相应的碳酸盐、重碳酸盐和 OH⁻ 的含量；对于废水、污水，则由于组分复杂，这种计算无实际意义，往往需要根据水中的物质的组分确定其与酸作用达到终点时的 pH。

样品采集后应在 4 ℃保存，分析前不应打开瓶塞，不能过滤、稀释或浓缩。样品应于采集的当天进行分析，特别是当样品中含有可水解盐类或有可被氧化的阳离子时，应及时分析。

水样浑浊、有色均干扰测定，遇此情况，可用电位滴定法测定。能使指示剂褪色的氧化还原性物质也干扰测定。例如，水样中余氯可破坏指示剂（含余氯时，可加入 1~2 滴 0.1 mol/L 硫代硫酸钠溶液消除）。

三、仪器与试剂

（一）仪器

碱式滴定管（25 mL 和 50 mL）、锥形瓶（250 mL）。

（二）试剂

无 CO_2 水：用于制备标准溶液及稀释用的蒸馏水或去离子水，pH 不低于 6.0，煮沸 15 min，加盖冷却至室温。

甲基橙指示剂：称取 0.05 g 甲基橙，溶于 100 mL 水中。

酚酞指示剂：称取 0.5 g 酚酞，溶于 50 mL 95% 乙醇中，用水稀释至 100 mL。

碳酸钠标准溶液（0.025 0 mol/L）：称取 1.324 9 g（于 250 ℃烘干 4 h）的基准试剂无水碳酸钠，溶于少量无 CO_2 水中，移入 1 000 mL 容量瓶中，用水稀释至标线，摇匀，储存于聚乙烯瓶中。

盐酸标准溶液（0.025 mol/L）：用移液管吸取 2.1 mL 浓盐酸，并用蒸馏水稀释至 1 000 mL。

四、实验步骤

（1）取适量水样于 250 mL 锥形瓶中，加入 4 滴酚酞指示剂，摇匀。当溶液呈红色时，用盐酸标准溶液滴定至刚刚褪至无色，记录盐酸标准溶液用量（V_1）。若加酚酞指示剂后溶液无色，则不需用盐酸标准溶液滴定，接着进行下一步操作。

（2）向上述锥形瓶中加入 3 滴甲基橙指示剂，摇匀。继续用盐酸标准溶液滴定至溶液由橘黄色刚刚变为橘红色为止。记录盐酸标准溶液总用量（V_2）。

五、结果计算

碱度计算公式为

$$酚酞碱度(CaCO_3，mg/L) = \frac{cV_1 \times 50.05 \times 1\,000}{V}$$

$$甲基橙酸度(CaCO_3，mg/L) = \frac{cV_2 \times 50.05 \times 1\,000}{V}$$

式中　c——盐酸标准溶液浓度，mol/L；

　　　V_2——用甲基橙作滴定指示剂时，消耗盐酸标准溶液的体积，mL；

　　　V_1——用酚酞作滴定指示剂时，消耗盐酸标准溶液的体积，mL；

　　　V——水样体积，mL；

　　　50.05——$\frac{1}{2}CaCO_3$ 的摩尔质量，g/mol。

六、注意事项

（1）若水样中含有游离 CO_2，则不存在碳酸盐，可直接以甲基橙作指示剂进行滴定。

（2）当水样中总碱度小于 20 mg/L 时，可改为 0.01 mg/L 盐酸标准溶液滴定，或改用 10 mL 容量的微量滴定管，以提高滴定精度。

（3）测定时废水取样量取决于滴定时盐酸的用量，盐酸用量以控制在 10~25 mL 为宜。

七、思考题

为什么用酚酞作指示剂测得的碱度不是总碱度？

■ 实验三　混合碱中各组分含量的测定（微型滴定法）

一、实验目的

（1）了解利用双指示剂法测定 Na_2CO_3 和 $NaHCO_3$ 混合物的原理与方法。
（2）学习用参比溶液确定终点的方法。
（3）进一步掌握微量滴定操作技术。

二、实验原理

混合碱是 Na_2CO_3 与 $NaOH$ 或 $NaHCO_3$ 与 Na_2CO_3 的混合物。欲测定同一份试样中各组分的含量，可用盐酸标准溶液滴定，根据滴定过程中 pH 变化的情况，选用酚酞和甲基橙为指示剂，常称之为双指示剂法。

若混合碱是由 Na_2CO_3 和 $NaOH$ 组成的，第一化学计量点的反应为

$$HCl + NaOH \Longrightarrow NaCl + H_2O$$
$$HCl + Na_2CO_3 \Longrightarrow NaHCO_3 + NaCl$$

以酚酞为指示剂（变色范围 pH 为 8.0~10.0），用盐酸标准溶液滴定至溶液由红色恰好变为无色。设此时所消耗的盐酸标准溶液的体积为 $V_1(mL)$。

第二化学计量点的反应为

$$HCl + NaHCO_3 \Longrightarrow NaCl + CO_2 \uparrow + H_2O$$

以甲基橙为指示剂（变色范围 pH 为 3.1~4.4），用盐酸标准溶液滴至溶液由黄色变为橙色。消耗的盐酸标准溶液为 $V_2(mL)$。

当 $V_1 > V_2$ 时，试样为 Na_2CO_3 与 $NaOH$ 的混合物，中和 Na_2CO_3 所消耗的盐酸标准溶液为 $2V_1(mL)$，中和 $NaOH$ 所消耗的盐酸量为 $(V_1 - V_2)mL$。据此，可求得混合碱中 Na_2CO_3 和 $NaOH$ 的含量。

当 $V_1 < V_2$ 时，试样为 Na_2CO_3 与 $NaHCO_3$ 的混合物，此时中和 Na_2CO_3 消耗的盐酸标准溶液的体积为 $2V_1(mL)$，中和 $NaHCO_3$ 消耗的盐酸标准溶液的体积为 $(V_2 - V_1)mL$。可求得混合碱中 Na_2CO_3 和 $NaHCO_3$ 的含量。

双指示剂法中，一般先用酚酞，后用甲基橙指示剂。由于以酚酞作指示剂时从微红色到无色的变化不敏锐，因此也常选用甲酚红—百里酚蓝混合指示剂。甲酚红的变色范围 pH 为 6.7（黄）~8.4（红），百里酚蓝的变色范围 pH 为 8.0（黄）~9.6（蓝），混合后的变色点 pH 为 8.3，酸色为黄色，碱色为紫色，混合指示剂变色敏锐。用盐酸标准溶液滴定试液由紫色变为粉红色，即为终点。

三、仪器与试剂

（一）仪器

电子天平、微型滴定管（3.000 mL）、容量瓶（50.00 mL）、移液管（2.00 mL）、锥形瓶（25 mL）、小烧杯（50 mL）。

（二）试剂

（1）0.1 mol/L HCl 溶液：用吸量管吸取约 0.5 mL 浓盐酸于 50 mL 试剂瓶中，加水稀释至 50 mL。因浓盐酸挥发性很强，操作应在通风橱中进行。

（2）无水 Na_2CO_3 基准物质：将无水 Na_2CO_3 置于烘箱内，在 180 ℃下，干燥 2～3 h。

（3）酚酞指示剂。

（4）甲基橙指示剂。

（5）混合指示剂：将 0.1 g 甲酚红溶于 100 mL 500 g/L 乙醇中，0.1 g 百里酚蓝指示剂溶于 100 mL 200 g/L 乙醇中。1 g/L 甲酚红与 1 g/L 百里酚蓝的配比为 1:6。

（6）混合碱试样。

四、实验步骤

（一）0.1 mol/L HCl 溶液的标定

准确称取无水 Na_2CO_3 0.5 g 左右置于干燥小烧杯中，用少量水溶解后，定量转移至 50 mL 容量瓶中，稀释至刻度，摇匀。

准确移取上述 Na_2CO_3 标准溶液 2.00 mL 置于 25 mL 锥形瓶中，加 1 滴甲基橙指示剂，用 HCl 溶液滴定至溶液由黄色变为橙色，即为终点。平行测定 3～5 次，根据 Na_2CO_3 的质量和滴定时消耗 HCl 的体积，计算 HCl 溶液的浓度。标定 HCl 溶液的相对平均偏差应在 ±0.2% 以内。

（二）混合碱的测定

准确移取混合碱试样 0.5 g 左右置于干燥小烧杯中，加水使之溶解后，定量转入 50 mL 容量瓶中，用水稀释至刻度，充分摇匀。

准确移取 2.00 mL 上述试液置于 25 mL 锥形瓶中，加酚酞 1 滴，用盐酸溶液滴定至溶液由红色恰好褪为无色，记下所消耗 HCl 标准溶液的体积 V_1，再加入甲基橙指示剂 1 滴，继续用盐酸溶液滴定溶液至由黄色恰好变为橙色，所消耗 HCl 溶液的体积记为 V_2，平行测定 3 次，计算混合碱中各组分的含量。

五、注意事项

（1）滴定到达第二化学计量点时，由于易形成 CO_2 过饱和溶液，滴定过程中生成的 H_2CO_3 慢慢地分解出 CO_2，使溶液的酸度稍有增大，终点出现过早，因此在终点附近应剧烈摇动溶液。

（2）若混合碱是固体样品，应尽可能混合均匀，亦可配成混合试液供练习使用。

六、思考题

（1）采用双指示剂法测定混合碱，在同一份溶液中测定，试判断下列五种情况下，混合碱中存在的成分是什么：

①$V_1 = 0$；②$V_2 = 0$；③$V_1 > V_2$；④$V_1 < V_2$；⑤$V_1 = V_2$。

（2）测定混合碱中总碱度，应选用何种指示剂？

（3）测定混合碱，接近第一化学计量点时，若滴定速度太快，摇动锥形瓶不够，致使滴定液 HCl 局部过浓，会对测定造成什么影响？为什么？

（4）标定 HCl 的基准物质无水 Na_2CO_3 如保存不当，吸收了少量水分，对标定 HCl 溶液浓度有何影响？

■ 实验四　生理盐水中氯化钠含量的测定（银量法）

一、实验目的

（1）学习银量法测定氯的原理和方法。

（2）掌握莫尔法的实际应用。

二、实验原理

银量法是指以生成难溶银盐（如 AgCl、AgBr、AgI 和 AgSCN）的反应为基础的沉淀滴定法。

银量法需要借助指示剂来确定滴定终点。根据作用指示剂的不同，银量法又分为莫尔法、佛尔哈德法和法扬司法。

本实验是在中性溶液中以 K_2CrO_4 为指示剂（莫尔法），用 $AgNO_3$ 标准溶液来测定 Cl^- 的含量。主要反应式如下：

$$Ag^+ + Cl^- = AgCl \downarrow（白）$$
$$2Ag^+ + CrO_4^{2-} = Ag_2CrO_4 \downarrow（砖红色）$$

由于 AgCl 的溶解度小于 Ag_2CrO_4，AgCl 沉淀将首先从溶液中析出。根据沉淀原理进行的计算表明，Ag_2CrO_4 开始沉淀时 AgCl 已定量沉淀，$AgNO_3$ 稍一过量，即与 CrO_4^{2-} 生成砖红色沉淀，指示终点到达。

实验过程中，应注意以下两点：

（1）应控制好指示剂的用量。因为 K_2CrO_4 用量太大时使终点提前到达导致负误差，而用量太小时终点拖后导致正误差。

（2）应控制好溶液的酸度。因为 CrO_4^{2-} 在水溶液中存在下述平衡：

$$CrO_4^{2-} + H_3O^+ \rightleftharpoons HCrO_4^- + H_2O$$

酸性太强，平衡右移，导致 CrO_4^{2-} 浓度下降和终点拖后。但在碱性太强的溶液中，Ag^+ 离子又会生成 Ag_2O 沉淀：

$$2Ag^+ + 2OH^- = 2AgOH \downarrow$$
$$2AgOH = Ag_2O \downarrow + H_2O$$

所以，莫尔法要求溶液的 pH 在 $6.5 \sim 10.5$。

本法也可用于测定有机物中氯的含量。

三、仪器与试剂

(一)仪器

烧杯、电子分析天平、容量瓶(100 mL)、坩埚、煤气灯、锥形瓶(250 mL)、酸式滴定管(50 mL)、移液管(25 mL)。

(二)试剂

$AgNO_3$(s,分析纯)、NaCl(s,分析纯)、K_2CrO_4(5%)溶液、生理盐水样品。

四、实验步骤

(一)0.1 mol/L $AgNO_3$标准溶液的配制

$AgNO_3$标准溶液可直接用分析纯的$AgNO_3$结晶配制,但由于$AgNO_3$不稳定,见光易分解,故若要精确测定,则要 NaCl 基准物来标定。

1. 直接配制

在一小烧杯中精确称量 1.7 g 左右的$AgNO_3$,加适量水溶解后,定量转移到 100 mL 容量瓶中,用水稀释至刻度,摇匀,计算其准确浓度。

2. 间接配制

将 NaCl 置于坩埚中,用煤气灯加热至 500 ~ 600 ℃干燥后,放置在干燥器中冷却备用。用台秤称量 1.7 g 的$AgNO_3$,定量转移到 100 mL 容量瓶中,用水稀释至刻度,摇匀。

标定:准确称取 0.15 ~ 0.2 g 的 NaCl 三份,分别置于三个锥形瓶中,各加 25 mL 水使其溶解。加 1 mL K_2CrO_4 溶液。在充分摇动下,用$AgNO_3$溶液滴定至溶液刚出现稳定的砖红色,记录$AgNO_3$溶液的用量,计算$AgNO_3$溶液的浓度。

(二)测定生理盐水中 NaCl 的含量

将生理盐水稀释 1 倍后,用移液管精确移取已稀释的生理盐水 25.00 mL 置于锥形瓶中,加入 1 mL 的K_2CrO_4指示剂,用标准$AgNO_3$溶液滴定至溶液刚出现稳定的砖红色(边摇边滴)。平行滴定 3 次,计算 NaCl 的含量。

五、数据记录与处理

将实验数据和结果记录在表 9-2、表 9-3 中。

表 9-2 $AgNO_3$ 标准溶液的配制及浓度测定

项目	滴定序号		
	1	2	3
NaCl 的质量(g)			
$AgNO_3$ 终读数(mL)			
$AgNO_3$ 初读数(mL)			
$AgNO_3$ 消耗的体积(mL)			
$AgNO_3$ 的浓度(mol/L)			
$AgNO_3$ 的平均浓度(mol/L)			
相对偏差			

表 9-3　生理盐水中 NaCl 的含量测定

项目	滴定序号		
	1	2	3
生理盐水的体积(稀释后)(mL)			
$AgNO_3$ 终读数(mL)			
$AgNO_3$ 初读数(mL)			
$AgNO_3$ 消耗的体积(mL)			
NaCl 的浓度(g/L)			
NaCl 的平均浓度(g/L)			
相对偏差			

六、思考题

(1) K_2CrO_4 指示剂浓度的大小对 Cl^- 的测定有何影响?

(2) 滴定液的酸度应控制在什么范围? 为什么? 若有 NH_4^+ 存在时, 对溶液的酸度范围的要求有什么不同?

(3) 莫尔法测定酸性氯化物溶液中的氯, 事先应采取什么措施?

(4) 本实验可不可以用荧光黄代替 K_2CrO_4 作指示剂? 为什么?

■ 实验五　面粉中脂肪含量的测定

一、实验目的

(1) 学习索氏提取法测定脂肪的原理与方法。

(2) 掌握索氏提取法的基本操作要点及影响因素。

(3) 熟悉与掌握重量分析法的基本操作, 包括样品的处理、烘干、恒重等。

二、实验原理

利用脂肪能溶于有机溶剂的性质, 在索氏提取器中将样品用无水乙醚或石油醚等溶剂反复萃取, 提取样品中的脂肪后, 除去无水乙醚或石油醚, 所得残留物即为脂肪或粗脂肪。

三、仪器、试剂和材料

(一)仪器

索氏提取器。电热鼓风干燥箱:温控(103 ± 2) ℃。分析天平:感量 0.1 mg。称量皿:铝质或玻璃质, 内径 60 ~ 65 mm, 高 25 ~ 30 mm。不锈钢镊子、药勺、滤纸、手套、乳胶管、铁架台、十字夹、龙爪。

(二)试剂

除非另有规定, 所有试剂均使用分析纯试剂。

无水乙醚:分析纯,不含过氧化物。

石油醚:分析纯,沸程 30 ~ 60 ℃。

海沙:直径 0.65 ~ 0.85 mm,二氧化硅含量不低于 99%。

(三)材料

面粉。

四、实验步骤

(一)样品的准备

(1)用洁净称量皿称取约 5 g 面粉,精确至 0.001 g。

(2)将面粉放入滤纸筒内,将滤纸筒上方塞少量脱脂棉。

(3)将滤纸筒移入电热鼓风干燥箱内,在(103 ± 2)℃下干燥 2 h。

(二)索氏提取器的清洗、安装

将索氏提取器各部位充分洗涤并用蒸馏水清洗、烘干。

底瓶在(103 ± 2)℃的电热鼓风干燥箱内干燥至恒重(前后两次称量差不超过 0.002 g)。

注意:整个装置不能漏气,避免乙醚或石油醚挥发在空气中;冷凝水口是下进上出,即下口连接冷凝水,上口连接水槽。

(三)粗脂肪的提取

1. 加无水乙醚或石油醚

将干燥后盛有试样的滤纸筒放入索氏提取筒内,连接已干燥至恒重的底瓶,注入无水乙醚或石油醚至虹吸管高度以上。待提取液流净后,再加提取液至虹吸管高度的 1/3 处。连接回流冷凝管。将底瓶放在水浴锅上加热。用少量脱脂棉塞入冷凝管上口。

2. 水浴温度的控制

水浴温度应控制在使提取液每 6 ~ 8 min 回流一次。

3. 抽提时间的控制

抽提时间视试样中粗脂肪含量而定。

提取结束时,用磨砂玻璃接去 1 滴提取液,磨砂玻璃上无油斑表明提取完毕。

(四)回收提取液

(1)提取完毕后,回收提取液。

(2)取下底瓶,在水浴上蒸干并除尽残余的无水乙醚或石油醚。

(五)烘干、称量

(1)用脱脂滤纸擦净底瓶外部,在(103 ± 2)℃的干燥箱内干燥 1 h,取出,置于干燥器内冷却至室温,称量。

(2)重复干燥 0.5 h,冷却,称量,直至前后两次称量差不超过 0.002 g。

如果增重,应以前一次质量为准。

五、数据记录与处理

(一)数据记录

将实验数据记录在表 9-4 中。

表9-4　数据记录表

样品名称	测定次数	样品的质量 $m(g)$	底瓶的质量 $m_1(g)$			底瓶+粗脂肪的质量 $m_2(g)$			脂肪（%）
	1		①	②	恒重值	①	②	恒重值	
	2								
	均值								

（二）计算脂肪含量

脂肪含量计算公式为

$$脂肪（\%）= \frac{m_2 - m_1}{m} \times 100$$

式中　m_2——底瓶和粗脂肪的质量，g；

　　　m_1——底瓶的质量，g；

　　　m——样品的质量，g。

（三）有效数字的保留

计算结果保留到小数点后一位。

（四）精密度的要求

同一试样的两次测定值之差不得超过两次测定平均值的5%。

（五）结果报告

报告两次平行测定结果的算术平均值。

六、说明及注意事项

（1）乙醚在使用时，须通风，周围不能有明火，回收时，剩下的乙醚必须在水浴上彻底挥发干净。

（2）脂肪底瓶反复加热时，会因脂类氧化而加重，如增重，应以前一次质量为准。

（3）抽提用的乙醚或石油醚要求无水、无醇、无过氧化物。

（4）过氧化物的检查方法如下：取乙醚10 mL，加2 mL 100 g/L的KI溶液，用力振摇，若出现黄色，则证明过氧化物存在。

实验六　面粉中蛋白质的测定

一、实验目的

（1）了解微量凯氏定氮法的原理及操作要点。

（2）掌握微量凯氏定氮法中样品的消化、蒸馏、吸收等基本操作步骤与技能。

（3）进一步巩固滴定操作技能。

二、实验原理

蛋白质为含氮有机物，面粉样品与硫酸和催化剂一同加热消化，使蛋白质分解，其中C、

H 形成 CO_2 和 H_2O 逸出,分解的氨与硫酸结合成硫酸铵,然后碱化蒸馏使氨游离,用硼酸吸收后,再以盐酸或硫酸的标准溶液滴定,根据酸的消耗量得到样品中氮的含量,乘以换算系数,即为蛋白质的含量。

三、仪器、试剂和材料

(一)仪器
改良式凯氏定氮蒸馏装置、分析天平(感量为 1 mg)、凯氏烧瓶、电炉、通风橱、铁架台、酸式滴定管、锥形瓶、吸量管、石棉网、铁环、止水夹、乳胶管等。

(二)试剂
除非另有规定,本方法中所用试剂均为分析纯,水为 GB/T 6682—2008 规定的三级水。

硫酸铜($CuSO_4 \cdot 5H_2O$)。

硫酸钾。

硫酸(H_2SO_4,密度为 1.84 g/L)。

硼酸溶液(20 g/L):称取 20 g 硼酸,加水溶解后稀释至 1 000 mL。

氢氧化钠溶液(400 g/L):称取 40 g 氢氧化钠加水溶解后,放冷,稀释至 100 mL。

硫酸标准滴定溶液(0.050 0 mol/L)或盐酸标准滴定溶液(0.050 0 mol/L)。

甲基红乙醇溶液(1 g/L):称取 0.1 g 甲基红,溶于 95% 乙醇中,用 95% 乙醇稀释至 100 mL。

亚甲基蓝乙醇溶液(1 g/L):称取 0.1 g 亚甲基蓝,溶于 95% 乙醇中,用 95% 乙醇稀释至 100 mL。

溴甲酚绿乙醇溶液(1 g/L):称取 0.1 g 溴甲酚绿,溶于 95% 乙醇中,用 95% 乙醇稀释至 100 mL。

混合指示液:2 份甲基红乙醇溶液与 1 份亚甲基蓝乙醇溶液临用时混合,或者 1 份甲基红乙醇溶液与 5 份溴甲酚绿乙醇溶液临用时混合。

(三)材料
面粉。

四、实验步骤

(一)取样、消化
(1)准确称取面粉 0.2 ~ 2.0 g,置于凯氏烧瓶中。

(2)加入硫酸铜 0.2 g、硫酸钾 6 g、浓硫酸 20 mL,摇匀。

(3)置于电炉上,成 45°角,小火加热。

(4)待泡沫停止后,加大火力,保持微沸,至液体变成蓝绿色透明后,再继续加热 0.5 ~ 1 h,取下冷却后,小心加入 20 mL 水,转移至 100 mL 容量瓶中,定容。

(二)凯氏定氮蒸馏装置的安装、洗涤
凯氏定氮蒸馏装置图见图 9-1。洗涤步骤如下:

将自来水由自来水进口 5 经蒸汽发生室加水口 7 注入到蒸汽发生室 2(蒸馏瓶夹层)中,使水面达到蒸馏瓶颈部的转弯处。

把装有蒸馏水的锥形瓶 9 置于冷凝器 4 下方,并将冷凝器下方的导管 12 下端插入锥形

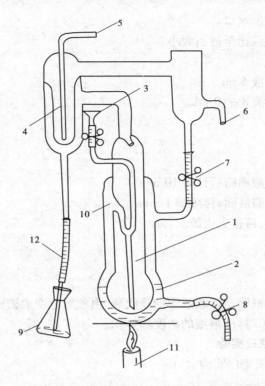

1—反应室;2—蒸汽发生室;3—加样口的小漏斗;4—冷凝器;

5—自来水进口;6—冷凝水出口;7—蒸汽发生室加水口;

8—废液排出口;9—锥形瓶;10—出样口;11—酒精灯;12—导管

图9-1　凯氏定氮蒸馏装置图

瓶液面以下,再将少量蒸馏水由加样口的小漏斗3注入到蒸馏瓶的反应室1中,把所有夹子夹紧,打开冷凝水。

用酒精灯11将蒸汽发生室2内的水煮沸,然后移去火源,锥形瓶9中的蒸馏水就会从冷凝器下方的导管12倒流到蒸馏瓶的反应室1内,再倒流至蒸汽发生室2中,由废液排出口8排出。按照上述方法将仪器洗涤2~3次。

最后,反应室1中的余液可以按下法清空:把所有夹子夹紧,将蒸汽发生室2内的水煮沸,先移去锥形瓶9,然后移去火源,反应室1中余液将倒流至蒸汽发生室2中,由废液排出口8排出。以后每次在做下一次蒸馏之前都要先将蒸馏瓶洗涤2~3次,并将反应室1清空。

(三)蒸馏

1.加吸收液和指示剂

20 mL 20 g/L硼酸溶液 +2滴混合指示剂于小锥形瓶中,并使冷凝管下口尖端插入酸液液面以下。

2.加夹层水(发生蒸汽作用)

(1)开通冷凝水,并使自来水由进水口注入蒸馏瓶外夹层中,使夹层内水面稍低于蒸馏瓶颈部的转弯处,调节冷凝水的流速至适当大小。

（2）关闭进水口和出水口。

（3）调节冷凝水的流速至适当大小。

3．加样液和碱液

（1）吸取样品消化液 5 mL。

（2）加入 NaOH 溶液 8～10 mL。

（3）关闭进样口。

（4）水封进样口。

4．加热蒸馏

（1）蒸馏瓶内的溶液沸腾后计时 10 min。

（2）冷凝管离开硼酸液面，再蒸馏 1 min。

（3）先移开接收瓶，再移去火源。

5．洗涤

洗剂接收瓶等。

（四）滴定

（1）用 HCl 标准溶液滴定接收瓶中的吸收液，由蓝绿色变成酒红色。

（2）记录消耗的 HCl 标准溶液的浓度和体积。

（五）重复操作和空白实验

重复操作 2 次，并做空白实验。

五、数据记录及处理

（一）数据记录

将实验数据记录在表9-5 中。

表 9-5　　数据记录表

项目	实验序号		空白
	1	2	
HCl 标准溶液浓度（mol/L）			
HCl 初读数（mL）			
HCl 终读数（mL）			
HCl 消耗的体积（mL）			
蛋白质的含量（g/100 g）			
报告值（g/100 g）			

（二）计算蛋白质含量

蛋白质含量的计算公式为

$$X = \frac{c(V_1 - V_0) \times 0.014\ 0 \times F}{m \times \dfrac{V_2}{100}} \times 100$$

式中　X——蛋白质的含量，g/100 g。

c——盐酸标准溶液的浓度,mol/L;

　　V_1——试样消耗盐酸溶液的体积,mL;

　　V_0——空白实验消耗盐酸溶液的体积,mL;

　　F——氮换算为蛋白质的系数,面粉为 5.70;

　　m——试样的质量,g;

　　V_2——蒸馏时吸取消化液的体积,mL。

(三)有效数字的保留

计算结果保留到小数点后一位。

(四)精密度的要求

同一试样的两次测定值之差不得超过两次测定平均值的 5%。

(五)结果报告

报告两次平行测定结果的算术平均值。

附　录

附录一　实验室灭火法

一旦实验中发生了火灾，切不可惊慌失措，应保持镇静。首先立即切断室内一切火源和电源。然后根据具体情况正确地进行抢救和灭火。常用的方法有：

（1）在可燃液体燃着时，应立即拿开着火区域内的一切可燃物质，关闭通风器，防止燃烧扩大。若着火面积较小，可用抹布、湿布、铁片或沙土覆盖，隔绝空气使之熄灭。但覆盖时要轻，避免碰坏或打翻盛有易燃溶剂的玻璃器皿，导致更多的溶剂流出而再次着火。

（2）酒精及其他可溶于水的液体着火时，可用水灭火。

（3）汽油、乙醚、甲苯等有机溶剂着火时，应用石棉布或沙土扑灭。绝对不能用水，否则会扩大燃烧面积。

（4）金属钠着火时，可把沙子倒在它的上面。

（5）导线着火时，不能用水及二氧化碳灭火器，应切断电源或用四氯化碳灭火器。

（6）衣服烧着时切忌奔走，可用衣服、大衣等包裹身体或躺在地上滚动，以灭火。

（7）发生火灾时，应注意保护现场。发生较大的着火事故时，应立即报警。

某些物质燃烧时应选用的灭火剂如附表 1-1 所示。

附表 1-1　某些物质燃烧时应选用的灭火剂

燃烧物质	应选用灭火剂	燃烧物质	应选用灭火剂
苯胺	泡沫，二氧化碳、水	松节油	喷射水，泡沫
乙炔	水蒸气，二氧化碳	火漆	水
丙酮	泡沫，二氧化碳，四氯化碳	磷	沙，二氧化碳，泡沫，水
硝基化合物	泡沫	赛路珞	水
氯乙烷	泡沫，二氧化碳	纤维素	水
钾、钠、钙、镁	沙	橡胶	水
松香	水，泡沫	煤油	泡沫，二氧化碳，四氯化碳
苯	泡沫，二氧化碳，四氯化碳	漆	泡沫
润滑油	喷射水，泡沫	石蜡	喷射水，二氧化碳

续附表 1-1

燃烧物质	应选用灭火剂	燃烧物质	应选用灭火剂
植物油	喷射水，泡沫	二硫化碳	泡沫，二氧化碳
石油	喷射水，泡沫	醇类（高沸点 175 ℃以上）	水
醚类（高沸点 175 ℃以上）	水	醇类（低沸点 175 ℃以下）	泡沫，二氧化碳
醚类（低沸点 175 ℃以下）	泡沫，二氧化碳		

附录二　常用缓冲溶液的配制方法

常用缓冲溶液的配置方法见附表 2-1 ~ 附表 2-16。

一、甘氨酸—盐酸缓冲液(0.05 mol/L)

附表 2-1　甘氨酸—盐酸缓冲液(0.05 mol/L)

X mL 0.2 mol/L 甘氨酸 + Y mL 0.2 mol/L HCl,再加水稀释至 200 mL

pH	X(mL)	Y(mL)	pH	X(mL)	Y(mL)
2.0	50	44.0	3.0	50	11.4
2.4	50	32.4	3.2	50	8.2
2.6	50	24.2	3.4	50	6.4
2.8	50	16.8	3.6	50	5.0

注:甘氨酸相对分子质量为 75.07,0.2 mol/L 甘氨酸溶液即 15.01 g/L 甘氨酸溶液。

二、邻苯二甲酸氢钾—盐酸缓冲液(0.05 mol/L)

附表 2-2　邻苯二甲酸氢钾—盐酸缓冲液(0.05 mol/L)

X mL 0.2 mol/L 邻苯二甲酸氢钾 + Y mL 0.2 mol/L HCl,再加水稀释至 20 mL

pH(20 ℃)	X(mL)	Y(mL)	pH(20 ℃)	X(mL)	Y(mL)
2.2	5	4.070	3.2	5	1.470
2.4	5	3.960	3.4	5	0.990
2.6	5	3.295	3.6	5	0.597
2.8	5	2.642	3.8	5	0.263
3.0	5	2.022			

注:邻苯二甲酸氢钾相对分子质量为 204.23,0.2 mol/L 邻苯二甲酸氢钾溶液即 40.85 g/L 邻苯二甲酸氢钾溶液。

三、磷酸氢二钠—柠檬酸缓冲液

附表 2-3　磷酸氢二钠—柠檬酸缓冲液

pH	0.2 mol/L Na_2HPO_4(mL)	0.1 mol/L 柠檬酸(mL)	pH	0.2 mol/L Na_2HPO_4(mL)	0.1 mol/L 柠檬酸(mL)
2.2	0.40	10.60	5.2	10.72	9.28
2.4	1.24	18.76	5.4	11.15	8.85
2.6	2.18	17.82	5.6	11.60	8.40
2.8	3.17	16.83	5.8	12.09	7.91
3.0	4.11	15.89	6.0	12.63	7.37
3.2	4.94	15.06	6.2	13.22	6.78
3.4	5.70	14.30	6.4	13.85	6.15
3.6	6.44	13.56	6.6	14.55	5.45
3.8	7.10	12.90	6.8	15.45	4.55
4.0	7.71	12.29	7.0	16.47	3.53
4.2	8.28	11.72	7.2	17.39	2.61

续附表 2-3

pH	0.2 mol/L Na$_2$HPO$_4$（mL）	0.1 mol/L 柠檬酸（mL）	pH	0.2 mol/L Na$_2$HPO$_4$（mL）	0.1 mol/L 柠檬酸（mL）
4.4	8.82	11.18	7.4	18.17	1.83
4.6	9.35	10.65	7.6	18.73	1.27
4.8	9.86	10.14	7.8	19.15	0.85
5.0	10.30	9.70	8.0	19.45	0.55

注：Na$_2$HPO$_4$·2H$_2$O 相对分子质量为 178.05，0.2 mol/L Na$_2$HPO$_4$ 溶液即 35.01 g/L Na$_2$HPO$_4$ 溶液。

　　C$_6$H$_8$O$_7$·H$_2$O 相对分子质量为 210.14，0.1 mol/L 柠檬酸溶液即 21.01 g/L 柠檬酸溶液。

四、柠檬酸—氢氧化钠—盐酸缓冲液

附表 2-4　柠檬酸—氢氧化钠—盐酸缓冲液

pH	Na$^+$ 浓度（mol/L）	柠檬酸的质量（g）	氢氧化钠的质量（g）	浓盐酸体积（mL）	最终体积（L）
2.2	0.20	210	84	160	10
3.1	0.20	210	83	116	10
3.3	0.20	210	83	106	10
4.3	0.20	210	83	45	10
5.3	0.35	245	144	68	10
5.8	0.45	285	186	105	10
6.5	0.38	266	156	126	10

五、柠檬酸—柠檬酸钠缓冲液（0.1 mol/L）

附表 2-5　柠檬酸—柠檬酸钠缓冲液（0.1 mol/L）

pH	0.1 mol/L 柠檬酸（mL）	0.1 mol/L 柠檬酸钠（mL）	pH	0.1 mol/L 柠檬酸（mL）	0.1 mol/L 柠檬酸钠（mL）
3.0	18.6	1.4	5.0	8.2	11.8
3.2	17.2	2.8	5.2	7.3	12.7
3.4	16.0	4.0	5.4	6.4	13.6
3.6	14.9	5.1	5.6	5.5	14.5
3.8	14.0	6.0	5.8	4.7	15.3
4.0	13.1	6.9	6.0	3.8	16.2
4.2	12.3	7.7	6.2	2.8	17.2
4.4	11.4	8.6	6.4	2.0	18.0
4.6	10.3	9.7	6.6	1.4	18.6
4.8	9.2	10.8			

注：柠檬酸 C$_6$H$_8$O$_7$·H$_2$O 相对分子质量为 210.14，0.1 mol/L 柠檬酸溶液即 21.01 g/L 柠檬酸溶液。

　　柠檬酸钠 Na$_3$C$_6$H$_5$O$_7$·2H$_2$O 相对分子质量为 294.12，0.1 mol/L 柠檬酸钠溶液即 29.41 g/L 柠檬酸钠溶液。

六、乙酸—乙酸钠缓冲液(0.2 mol/L)

附表 2-6　乙酸—乙酸钠缓冲液(0.2 mol/L)

pH (18 ℃)	0.2 mol/L NaAc(mL)	0.3 mol/L HAc(mL)	pH (18 ℃)	0.2 mol/L NaAc(mL)	0.3 mol/L HAc(mL)
2.6	0.75	9.25	4.8	5.90	4.10
3.8	1.20	8.80	5.0	7.00	3.00
4.0	1.80	8.20	5.2	7.90	2.10
4.2	2.65	7.35	5.4	8.60	1.40
4.4	3.70	6.30	5.6	9.10	0.90
4.6	4.90	5.10	5.8	9.40	0.60

注:NaAc·3H$_2$O 相对分子质量为136.09,0.2 mol/L 乙酸钠溶液即 27.22 g/L 乙酸钠溶液。

七、磷酸盐缓冲液

(1)磷酸氢二钠—磷酸二氢钠缓冲液(0.2 mol/L)。

附表 2-7　磷酸氢二钠—磷酸二氢钠缓冲液(0.2 mol/L)

pH	0.2 mol/L Na$_2$HPO$_4$(mL)	0.3 mol/L NaH$_2$PO$_4$(mL)	pH	0.2 mol/L Na$_2$HPO$_4$(mL)	0.3 mol/L NaH$_2$PO$_4$(mL)
5.8	8.0	92.0	7.0	61.0	39.0
5.9	10.0	90.0	7.1	67.0	33.0
6.0	12.3	87.7	7.2	72.0	28.0
6.1	15.0	85.0	7.3	77.0	23.0
6.2	18.5	81.5	7.4	81.0	19.0
6.3	22.5	77.5	7.5	84.0	16.0
6.4	26.5	73.5	7.6	87.0	13.0
6.5	31.5	68.5	7.7	89.5	10.5
6.6	37.5	62.5	7.8	91.5	8.5
6.7	43.5	56.5	7.9	93.0	7.0
6.8	49.5	51.0	8.0	94.7	5.3
6.9	55.0	45.0			

注:Na$_2$HPO$_4$·2H$_2$O 相对分子质量为 178.05,0.2 mol/L 磷酸氢二钠溶液即 85.61 g/L 磷酸氢二钠溶液。

Na$_2$HPO$_4$·12H$_2$O 相对分子质量为 358.22,0.2 mol/L 磷酸氢二钠溶液即 71.64 g/L 磷酸氢二钠溶液。

NaH$_2$PO$_4$·2H$_2$O 相对分子质量为 156.03,0.2 mol/L 磷酸二氢钠溶液即 31.21 g/L 磷酸二氢钠溶液。

（2）磷酸氢二钠—磷酸二氢钾缓冲液（1/15 mol/L）。

附表 2-8　磷酸氢二钠—磷酸二氢钾缓冲液（1/15 mol/L）

pH	1/15 mol/L Na$_2$HPO$_4$（mL）	1/15 mol/L KH$_2$PO$_4$（mL）	pH	1/15 mol/L Na$_2$HPO$_4$（mL）	1/15 mol/L KH$_2$PO$_4$（mL）
4.92	0.10	9.90	7.17	7.00	3.00
5.29	0.50	9.50	7.38	8.00	2.00
5.91	1.00	9.00	7.73	9.00	1.00
6.24	2.00	8.00	8.04	9.50	0.50
6.47	3.00	7.00	8.34	9.75	0.25
6.64	4.00	6.00	8.67	9.90	0.10
6.81	5.00	5.00	8.18	10.00	0
6.98	6.00	4.00			

注：Na$_2$HPO$_4$·2H$_2$O 相对分子质量为 178.05，1/15 mol/L 磷酸氢二钠溶液即 11.87 g/L 磷酸氢二钠溶液。

　　KH$_2$PO$_4$ 相对分子质量为 136.09，1/15 mol/L 磷酸二氢钾溶液即 9.07 g/L 磷酸二氢钾溶液。

八、磷酸二氢钾—氢氧化钠缓冲液（0.05 mol/L）

附表 2-9　磷酸二氢钾—氢氧化钠缓冲液（0.05 mol/L）

X mL 0.2 mol/L K$_2$PO$_4$ + Y mL 0.2 mol/L NaOH 溶液，再加水稀释至 29 mL

pH（20 ℃）	X（mL）	Y（mL）	pH（20 ℃）	X（mL）	Y（mL）
5.8	5	0.372	7.0	5	2.963
6.0	5	0.570	7.2	5	3.500
6.2	5	0.860	7.4	5	3.950
6.4	5	1.260	7.6	5	4.280
6.6	5	1.780	7.8	5	4.520
6.8	5	2.365	8.0	5	4.680

九、巴比妥钠—盐酸缓冲液（18 ℃）

附表 2-10　巴比妥钠—盐酸缓冲液（18 ℃）

pH	0.04 mol/L 巴比妥钠溶液（mL）	0.2 mol/L 盐酸（mL）	pH	0.04 mol/L 巴比妥钠溶液（mL）	0.2 mol/L 盐酸（mL）
6.8	100	18.4	8.4	100	5.21
7.0	100	17.8	8.6	100	3.82
7.2	100	16.7	8.8	100	2.52
7.4	100	15.3	9.0	100	1.65
7.6	100	13.4	9.2	100	1.13
7.8	100	11.47	9.4	100	0.70
8.0	100	9.39	9.6	100	0.35
8.2	100	7.21			

注：巴比妥钠相对分子质量为 206.18，0.04 mol/L 巴比妥钠溶液即 8.25 g/L 巴比妥钠溶液。

十、Tris—盐酸缓冲液(0.05 mol/L,25 ℃)

附表 2-11　Tris—盐酸缓冲液(0.05 mol/L,25 ℃)

50 mL 0.1 mol/L 三羟甲基氨基甲烷(Tris)溶液与 X mL 0.1 mol/L 盐酸混匀后,加水稀释至 100 mL

pH	X(mL)	pH	X(mL)
7.10	45.7	8.10	26.2
7.20	44.7	8.20	22.9
7.30	43.4	8.30	19.9
7.40	42.0	8.40	17.2
7.50	40.3	8.50	14.7
7.60	38.5	8.60	12.4
7.70	36.6	8.70	10.3
7.80	34.5	8.80	8.5
7.90	32.0	8.90	7.0
8.00	29.2		

注:三羟甲基氨基甲烷(Tris)相对分子质量为121.14,0.1 mol/L 三羟甲基氨基甲烷(Tris)溶液即 12.114 g/L 三羟甲基氨基甲烷(Tris)溶液。Tris 溶液可从空气中吸收二氧化碳,使用时注意将瓶盖严。

十一、硼酸—硼砂缓冲液(0.2 mol/L 硼酸根)

附表 2-12　硼酸—硼砂缓冲液(0.2 mol/L 硼酸根)

pH	0.05 mol/L 硼砂(mL)	0.2 mol/L 硼酸(mL)	pH	0.05 mol/L 硼砂(mL)	0.2 mol/L 硼酸(mL)
7.4	1.0	9.0	8.2	3.5	6.5
7.6	1.5	8.5	8.4	4.5	5.5
7.8	2.0	8.0	8.7	6.0	4.0
8.0	3.0	7.0	9.0	8.0	2.0

注:硼砂($Na_2B_4O_7 \cdot 10H_2O$)相对分子质量为381.43,0.05 mol/L 硼砂溶液(=0.2 mol/L 硼酸根)即 19.07 g/L 硼砂溶液。
硼酸(H_2BO_3)相对分子质量为61.84,0.2 mol/L 硼砂溶液即 12.37 g/L 硼砂溶液。
硼砂易失去结晶水,必须在带塞的瓶中保存。

十二、甘氨酸—氢氧化钠缓冲液(0.05 mol/L)

附表 2-13　甘氨酸—氢氧化钠缓冲液(0.05 mol/L)

X mL 0.2 mol/L 甘氨酸 + Y mL 0.2 mol/L NaOH 加水稀释至 200 mL

pH	X(mL)	Y(mL)	pH	X(mL)	Y(mL)
8.6	50	4.0	9.6	50	22.4
8.8	50	6.0	9.8	50	27.2
9.0	50	8.8	10.0	50	32.0
9.2	50	12.0	10.4	50	38.6
9.4	50	16.8	10.6	50	45.5

注:甘氨酸相对分子质量为75.07,0.2 mol/L 甘氨酸溶液即 15.01 g/L 甘氨酸溶液。

十三、硼砂—氢氧化钠缓冲液(0.05 mol/L 硼酸根)

附表2-14　硼砂—氢氧化钠缓冲液(0.05 mol/L 硼酸根)

X mL 0.05 mol/L 硼砂 + Y mL 0.2 mol/L NaOH,再加水稀释至 200 mL

pH	X(mL)	Y(mL)	pH	X(mL)	Y(mL)
9.3	50	6.0	9.8	50	34.0
9.4	50	11.0	10.0	50	43.0
9.6	50	23.0	10.1	50	46.0

注:硼砂($Na_2B_4O_7 \cdot 10H_2O$)相对分子质量为 381.43,0.05 mol/L 硼砂溶液即 19.07 g/L 硼砂溶液。

十四、碳酸钠—碳酸氢钠缓冲液(0.1 mol/L)

附表2-15　碳酸钠—碳酸氢钠缓冲液(0.1 mol/L)

pH		0.1 mol/L Na_2CO_3(mL)	0.1 mol/L $NaHCO_3$(mL)
20 ℃	37 ℃		
9.16	8.77	1	9
9.40	9.12	2	8
9.51	9.40	3	7
9.78	9.50	4	6
9.90	9.72	5	5
10.14	9.90	6	4
10.28	10.08	7	3
10.53	10.28	8	2
10.83	10.57	9	1

注:$Na_2CO_3 \cdot 10H_2O$ 相对分子质量为 286.2,0.1 mol/L Na_2CO_3 溶液即 28.62 g/L Na_2CO_3 溶液。

$NaHCO_3$ 相对分子质量为 84.0,0.1 mol/L Na_2CO_3 溶液即 8.40 g/L Na_2CO_3 溶液。

Ca^{2+}、Mg^{2+} 存在时不得使用。

十五、PBS 缓冲液

附表2-16　PBS 缓冲液

pH	7.6	7.4	7.2	7.0
H_2O(mL)	1 000	1 000	1 000	1 000
NaCl(g)	8.5	8.5	8.5	8.5
Na_2HPO_4(g)	2.2	2.2	2.2	2.2
NaH_2PO_4(g)	0.1	0.2	0.3	0.4

附录三　实验室常用洗液的配制方法

一、铬酸洗液和其他洗涤液

（一）铬酸洗液

铬有致癌作用，因此配制和使用洗液时要极为小心，常用的两种配制方法如下：

（1）取 100 mL 工业浓硫酸置于烧杯内，小心加热，然后慢慢加入 5 g 重铬酸钾粉末，边加边搅拌，待全部溶解并缓慢冷却后，储存在磨口玻璃塞的细口瓶内。

（2）称取 5 g 重铬酸钾粉末，置于 250 mL 烧杯中，加 5 mL 水使其溶解，然后慢慢加入 100 mL 浓硫酸，溶液温度将达 80 ℃，待其冷却后储存于磨口玻璃瓶内。

（二）其他洗涤液

（1）工业浓盐酸：可洗去水垢或某些无机盐沉淀。

（2）5% 草酸溶液：用数滴硫酸酸化，可洗去高锰酸钾的痕迹。

（3）5%～10% 磷酸三钠溶液：可洗涤油污物。

（4）30% 硝酸溶液：洗涤二氧化碳测定仪及微量滴管。

（5）5%～10% 乙二胺四乙酸二钠溶液：加热煮沸可洗脱玻璃仪器内壁的白色沉淀物。

（6）尿素洗涤液：为蛋白质的良好溶剂，适用于洗涤盛过蛋白质制剂及血样的容器。

（7）有机溶剂：如丙酮、乙醚、乙醇等可用于洗脱油脂、脂溶性染料污痕等，二甲苯可洗脱油漆的污垢。

（8）氢氧化钾的乙醇溶液和含有高锰酸钾的氢氧化钠溶液：是两种强碱性的洗涤液，对玻璃仪器的侵蚀性很强，可清除容器内壁污垢，但洗涤时间不宜过长，使用时应小心慎重。

二、仪器的洗涤液

在分析工作中，洗涤玻璃仪器不仅是一项必须做的实验前的准备工作，也是一项技术性的工作。仪器洗涤是否符合要求，对检验结果的准确度和精密度均有影响。不同的分析工作有不同的仪器洗净要求，我们以一般定量化学分析为主介绍仪器的洗涤方法。

（一）洁净剂及使用范围

最常用的洁净剂是肥皂、肥皂液（特制商品）、洗衣粉、去污粉、洗液及有机溶剂等。肥皂、肥皂液、洗衣粉、去污粉用于可以用刷子直接刷洗的仪器，如烧杯、三角瓶、试剂瓶等；洗液多用于不便用刷子洗刷的仪器，如滴定管、移液管、容量瓶、蒸馏器等特殊形状的仪器，也用于洗涤长久不用的杯皿器具和刷子刷不下的结垢。用洗液洗涤仪器，是利用洗液本身与污物起化学反应的作用，将污物去除。因此，需要浸泡一定的时间使二者充分作用，借助有机溶剂能溶解油脂的作用洗除之，或借助某些有机溶剂能与水混合而又挥发快的特殊性，冲洗带水的仪器将洗去油污。如甲苯、二甲苯、汽油等可以洗油垢，酒精、乙醚、丙酮可以冲洗刚洗净而带水的仪器。

（二）洗涤液的制备及使用注意事项

洗涤液简称洗液，根据不同的要求有各种不同的洗液。较常用的几种如下。

1. 强酸氧化剂洗液

强酸氧化剂洗液多用重铬酸钾（$K_2Cr_2O_7$）和浓硫酸（H_2SO_4）配成。$K_2Cr_2O_7$在酸性溶液中有很强的氧化力，对玻璃仪器又极少有腐蚀作用。所以，这种洗液在实验室内使用最广泛。

配制浓度从5%至12%都可。配制方法大致相同：取一定量的$K_2Cr_2O_7$（工业品即可），先用1~2倍的水加热溶解，稍冷却后，将工业品浓H_2SO_4所需体积数徐徐加入$K_2Cr_2O_7$溶液中（千万不能将水或溶液加入浓H_2SO_4中），边倒边用玻璃棒搅拌，并注意不要溅出，混合均匀，待冷却后，装入洗液瓶备用。新配制的洗液为红褐色，氧化能力很强。当洗液用久后变为黑绿色，即说明洗液无氧化洗涤力。

例如：配制12%的洗液500 mL。可取60 g工业品$K_2Cr_2O_7$置于100 mL水中（加水量不是固定不变的，以能溶解为度），加热溶解，冷却，徐徐加入浓H_2SO_4 340 mL，边加边搅拌，冷却后装瓶备用。

这种洗液在使用时要注意不能溅到身上，以防"烧"破衣服和损伤皮肤。洗液倒入要洗的仪器中，应使仪器周壁全浸洗后，稍停一会儿再倒回洗液瓶。第一次用少量水冲洗刚浸洗过的仪器后，废水不要倒在水池里和下水道里，长久会腐蚀水池和下水道，应倒在废液缸中，缸满后倒在垃圾里，如果无废液缸，倒入水池时，要边倒边用大量的水冲洗。

2. 碱性洗液

碱性洗液用于洗涤有油污物的仪器，用此洗液时采用长时间（24 h以上）浸泡法，或者浸煮法。从碱性洗液中捞取仪器时，要戴乳胶手套，以免烧伤皮肤。

常用的碱性洗液有碳酸钠（Na_2CO_3，即纯碱）溶液，碳酸氢钠（$NaHCO_3$，即小苏打）溶液，磷酸钠（Na_3PO_4，即磷酸三钠）溶液，以及磷酸氢二钠（Na_2HPO_4）溶液等。

3. 碱性高锰酸钾洗液

用碱性高锰酸钾作洗液，作用缓慢，适用于洗涤有油污的器皿。配制方法：取高锰酸钾（$KMnO_4$）4 g加少量水溶解后，再加入10%氢氧化钠（$NaOH$）100 mL。

4. 纯酸纯碱洗液

根据器皿污垢的性质，直接用浓盐酸（HCl）或浓硫酸（H_2SO_4）、浓硝酸（HNO_3）浸泡或浸煮器皿（温度不宜太高，否则浓酸挥发刺激人）。纯碱洗液多采用10%以上的浓烧碱（$NaOH$）、氢氧化钾（KOH）或碳酸钠（Na_2CO_3）液浸泡或浸煮器皿（可以煮沸）。

5. 有机溶剂

带有脂肪性污物的器皿，可以用汽油、甲苯、二甲苯、丙酮、酒精、三氯甲烷、乙醚等有机溶剂擦洗或浸泡。但用有机溶剂作为洗液浪费较大，能用刷子洗刷的大件仪器尽量采用碱性洗液。只有无法使用刷子的小件或特殊形状的仪器才使用有机溶剂洗涤，如活塞内孔、移液管尖头、滴定管尖头、滴定管活塞孔、滴管、小瓶等。

6. 洗消液

检验致癌性化学物质的器皿，为了防止对人体的侵害，在洗刷之前应使用对这些致癌性物质有破坏、分解作用的洗消液进行浸泡，然后再进行洗涤。

在食品检验中，经常使用的洗消液有1%或5%次氯酸钠（$NaClO$）溶液、20% HNO_3和2% $KMnO_4$溶液。

1%或5% $NaClO$溶液对黄曲霉素有破坏作用。用1% $NaClO$溶液对污染的玻璃仪器浸泡半天或用 5% NaClO 溶液浸泡片刻后,即可达到破坏黄曲霉毒素的作用。配制方法:取漂白粉 100 g,加水 500 mL,搅拌均匀,另将工业用 Na_2CO_3 80 g 溶于 500 mL 温水中,再将两液混合,搅拌,澄清后过滤,此滤液含 NaClO 为 2.5%;若用漂粉精配制,则 Na_2CO_3 的质量应加倍,所得溶液浓度约为 5%。如需要 1% NaClO 溶液,可将上述溶液按比例进行稀释。

20% HNO_3 溶液和 2% $KMnO_4$ 溶液对苯并(a)芘均有破坏作用,被苯并(a)芘污染的玻璃仪器可用 20% HNO_3 浸泡 24 h,取出后用自来水冲去残存酸液,再进行洗涤。被苯并(a)芘污染的乳胶手套及微量注射器等可用 2% $KMnO_4$ 溶液浸泡 2 h 后,再进行洗涤。

三、强氧化性洗涤液

强氧化性洗液主要用于洗除被有机物质和油污玷污的玻璃器皿,对染有钡盐、铅盐类和水玻璃痕迹,以及对高锰酸钾、氧化铁毫无清除能力,且易造成铬污染,不适用于对铬的微量分析;具有强腐蚀性,防止烧伤皮肤、衣物;用毕回收,可反复使用。若洗液变成墨绿色则失效,可加入浓硫酸将 Cr^{3+} 氧化继续使用。

(一)碱性乙醇洗液

溶解 120 g 氢氧化钠固体于 120 mL 水中,用 95% 乙醇稀释至 1 L。该洗液可清洗各种油污;由于碱对玻璃的腐蚀,玻璃磨口不能长期在该洗液中浸泡;须存放于胶塞瓶中,防止挥发、防火,久存易失效。

(二)碱性高锰酸钾洗液

4 g 高锰酸钾固体溶于少量水中,再加入 100 mL 10% 氢氧化钠溶液。该洗液可清洗玻璃器皿内的油污或其他有机物质;浸泡后器壁上会析出一层二氧化锰,需用盐酸或盐酸加过氧化氢除去。

(三)磷酸钠洗液

57 g 磷酸钠加 28 g 油酸钠溶于 470 mL 水中。该洗液可清洗玻璃器皿上的残留物;浸泡数分钟后用刷子刷洗。

(四)酸性硫酸亚铁洗液

酸性硫酸亚铁洗液可清洗由于储存高锰酸钾洗液而残留在玻璃器皿上的棕色污斑,浸泡后洗刷。

(五)硝酸—过氧化氢洗液

15% ~20% 的硝酸加等体积的 5% 过氧化氢。该洗液可清除特殊难洗的化学污物,久存易分解,应存放于棕色瓶中。

(六)有机溶剂

如三氯乙烯、二氯乙烯、苯、二甲苯、丙酮、乙醇、乙醚、三氯甲烷、四氯化碳、汽油等。清除玻璃器皿上的油脂类、单体原液、聚合体等有机污物,应根据污物性质选择,使用时,注意毒性、可燃性,用过的废液溶剂应回收。

(七)硫代硫酸钠洗液

10% 的硫代硫酸钠溶液可清洗衣物上的碘斑,浸泡后洗刷。

(八)油漆刷子清洗液

(1)煤油两份 + 油酸一份。

(2)氨水四分之一份 + 变性酒精四分之一份。

将(2)加入(1),搅拌均匀。

清洗油漆刷子:刷子进入洗液过夜,再用温水充分洗涤。

(九)玻璃砂芯器皿清洗剂

玻璃砂芯器皿清洗剂见附表3-1。

附表3-1　玻璃砂芯器皿清洗剂

过滤沉淀物	有效清洗剂
脂肪、脂膏	四氯化碳
有机物质	混有重铬酸钾的温热浓硫酸浸泡一昼夜
氯化亚铜、铁斑	混有氯酸钾的热浓盐酸
硫酸钡	热浓盐酸
汞渣	热浓硝酸
硫化汞	热王水
氯化银	氨水或硫代硫酸钠
铝质和硅质残渣	用2%氢氟酸、浓硫酸、蒸馏水、丙酮依次漂洗,重复至无酸痕为止
细菌	5.72 mL浓硫酸、2 g硝酸钠、94 mL蒸馏水混合液
水垢	盐酸

　　新的玻璃砂芯滤器在使用前应该先用热盐酸或铬酸洗液进行抽滤,并立即用蒸馏水洗净。使用过的玻璃砂芯滤器的清洗方法是:对于1号和2号玻璃砂芯滤器可以将氯气倒置,连接于自来水龙头上,通过水流进行冲洗;对于3~5号玻璃滤器可用减压抽滤法,滤器可以套在一个装有玻璃管的橡皮塞上,放入盛满适当洗液的圆筒中,然后塞紧橡皮塞,将圆筒倒置,进行减压抽洗,这时圆筒内的洗液就在减压的情况下通过砂芯滤孔而使沉淀洗出。

附录四 危险药品的分类、性质和管理

危险药品是指受光、热、空气、水或撞击等外界因素的影响,可能引起燃烧、爆炸的药品或具有强腐蚀性、剧毒性的药品。常用危险药品按危害性的分类及管理见附表4-1。

附表 4-1　常用危险药品按危害性的分类及管理

类别		举例	性质	注意事项
1. 爆炸品		硝酸铵、苦味酸、三硝基甲苯	遇高热摩擦、撞击,引起剧烈反应,放出大量气体和热量,产生猛烈爆炸	存放于阴凉、低温处,轻拿、轻放
2. 易燃品	易燃品	丙酮、乙醚、甲醇、乙醇、苯等有机溶剂	沸点低,易挥发,遇火则燃烧,甚至引起爆炸	存放于阴凉处,远离热源,使用时注意通风,不得有明火
	易燃固体	赤磷、硫、萘、硝化纤维	燃点低,受热、摩擦、撞击或遇氧化剂,可引起剧烈连续燃烧、爆炸	存放于阴凉处,远离热源,使用时注意通风,不得有明火
	易燃气体	氢气、乙炔、甲烷	因受热、撞击引起燃烧;与空气按一定比例混合,则会爆炸	使用时注意通风,如为钢瓶气,不得在实验室存放
	遇水易燃品	钾、钠	遇水剧烈反应,产生可燃气体并放出热量,此反应热会引起燃烧	保存于煤油中,切勿与水接触
	自燃品	黄磷、白磷	在适当温度下被空气氧化、放热,达到燃点而引起自燃	保存于水中
3. 氧化剂		硝酸钾、氯酸钾、过氧化氢、过氧化钠、高锰酸钾	具有强氧化性,遇酸,受热,与有机物、易燃品、还原剂等混合时,因反应引起燃烧或爆炸	不得与易燃品、爆炸品、还原剂等一起存放
4. 剧毒品		氰化钾、三氧化二砷、升汞	剧毒,少量侵入人体(误食或接触伤口)引起中毒,甚至死亡	专人、专柜保管,现用现领,用后的剩余物,不论是固体还是液体都要交回保管人,并应设有使用登记制度
5. 腐蚀性药品		强酸、氟化氢、强碱、溴、酚	具有强腐蚀性,触及物品造成腐蚀、破坏,触及人体皮肤,引起化学烧伤	不要与氧化剂、易燃品、爆炸品放在一起

附　录

附录五　　滴定分析中常用指示剂

一、酸碱指示剂（见附表5-1）

附表 5-1　酸碱指示剂

指示剂名称	pH 变色范围	颜色变化	配制方法
甲基紫 （第一变色范围）	0.13 ~ 0.5	黄—绿	0.1% 水溶液
甲基紫 （第二变色范围）	1.0 ~ 1.5	绿—蓝	0.1% 水溶液
甲基紫 （第三变色范围）	2.0 ~ 3.0	蓝—紫	0.1% 水溶液
百里酚蓝 （第一变色范围）	1.2 ~ 2.8	红—黄	(1)0.1 g 指示剂溶于 100 mL 20% 乙醇中。 (2)0.1 g 指示剂溶于含有 4.3 mL 0.05 mol/L NaOH 溶液的 100 mL 水溶液中
百里酚蓝 （第二变色范围）	8.0 ~ 9.6	黄—蓝	同第一变色范围
五甲氧基红	1.2 ~ 3.2	红紫—无色	0.1 g 指示剂溶于 100 mL 70% 乙醇中
甲基橙	3.1 ~ 4.4	红—橙黄	0.1% 水溶液
溴酚蓝	3.0 ~ 4.6	黄—蓝	(1)0.1 g 指示剂溶于 100 mL 20% 乙醇中 (2)0.1 g 指示剂溶于含有 3 mL 0.05 mol/L NaOH 溶液的 100 mL 水溶液中
刚果红	3.0 ~ 5.2	蓝紫—红	0.1% 水溶液
溴甲酚绿	3.8 ~ 5.4	黄—蓝	(1)0.1 g 指示剂溶于 100 mL 20% 乙醇中。 (2)0.1 g 指示剂溶于含有 2.9 mL 0.05 mol/L NaOH 溶液的 100 mL 水溶液中
甲基红	4.4 ~ 6.2	红—黄	0.1 g 或 0.2 g 指示剂溶于 100 mL 60% 乙醇中
四碘荧光黄	4.5 ~ 6.5	无色—红	0.1% 水溶液
氯酚红	5.0 ~ 6.0	黄—红	(1)0.1 g 指示剂溶于 100 mL 20% 乙醇中。 (2)0.1 g 指示剂溶于含有 4.7 mL 0.05 mol/L NaOH 溶液的 100 mL 水溶液中

续附表 5-1

指示剂名称	pH 变色范围	颜色变化	配制方法
溴酚红	5.0 ~ 6.8	黄—红	(1)0.1 g 指示剂溶于 100 mL 20% 乙醇中。 (2)0.1 g 指示剂溶于含有 3.9 mL 0.05 mol/L NaOH 溶液的 100 mL 水溶液中
对硝基苯酚	5.6 ~ 7.6	无色—黄	0.1% 水溶液
溴百里酚蓝	6.0 ~ 7.6	黄—蓝	(1)0.1 g 指示剂溶于 100 mL 20% 乙醇中。 (2)0.1 g 指示剂溶于含有 3.2 mL 0.05 mol/L NaOH 溶液的 100 mL 水溶液中
中性红	6.8 ~ 8.0	红—亮黄	0.1 g 指示剂溶于 100 mL 60% 乙醇中
酚红	6.4 ~ 8.2	黄—红	(1)0.05 g 或 0.1 g 指示剂溶于 100 mL 20% 乙醇中。 (2)0.05 g 或 0.1 g 指示剂溶于含有 5.7 mL 0.05 mol/L NaOH 溶液的 100 mL 水溶液中
甲酚红	7.2 ~ 8.8	亮黄—红紫	(1)0.1 g 指示剂溶于 100 mL 50% 乙醇中。 (2)0.1 g 指示剂溶于含有 5.3 mL 0.05 mol/L NaOH 溶液的 100 mL 水溶液中
酚酞	8.0 ~ 9.8	无色—紫红	0.1 g 或 1 g 指示剂溶于 100 mL 60% 乙醇中
百里酚酞	9.4 ~ 10.6	无色—蓝	0.1 g 指示剂溶于 100 mL 90% 乙醇中
硝铵	11.0 ~ 13.0	无色—红棕	0.1 g 指示剂溶于 100 mL 60% 乙醇中
达旦黄	12.0 ~ 13.0	黄—红	0.1% 水溶液

二、混合酸碱指示剂(见附表 5-2)

附表 5-2   混合酸碱指示剂

混合指示剂组成	变色点 pH	酸色	碱色	备注
1 份 0.1% 甲基黄乙醇溶液 1 份 0.1% 亚甲基蓝乙醇溶液	3.25	蓝紫	绿	pH = 3.4 绿 pH = 3.2 蓝紫
1 份 0.1% 甲基橙水溶液 1 份 0.25% 靛蓝二磺酸水溶液	4.1	紫	黄绿	
1 份 0.1% 溴甲酚绿钠盐水溶液 1 份 0.2% 甲基橙水溶液	4.3	橙	蓝绿	pH = 3.5 黄 pH = 4.0 绿黄 pH = 4.3 浅绿
3 份 0.1% 溴甲酚绿乙醇溶液 1 份 0.2% 甲基红乙醇溶液	5.1	酒红	绿	

续附表 5-2

混合指示剂组成	变色点 pH	酸色	碱色	备注
1 份 0.2% 甲基红乙醇溶液 1 份 0.1% 亚甲基蓝乙醇溶液	5.4	红紫	绿	pH = 5.2 红紫 pH = 5.4 暗蓝 pH = 5.6 绿
1 份 0.1% 氯酚红钠盐水溶液 1 份 0.1% 苯胺蓝水溶液	5.3	绿	紫	pH = 5.6 淡紫
1 份 0.1% 溴甲酚绿钠盐水溶液 1 份 0.1% 氯酚红钠盐水溶液	6.1	黄绿	蓝紫	pH = 5.4 蓝紫 pH = 5.8 蓝 pH = 6.0 蓝微带紫 pH = 6.2 蓝紫
1 份 0.1% 溴甲酚紫钠盐水溶液 1 份 0.1% 溴百里酚蓝钠盐水溶液	6.7	蓝	紫蓝	pH = 6.2 黄紫 pH = 6.6 紫 pH = 6.8 蓝紫
1 份 0.1% 中性红乙醇溶液 1 份亚甲基蓝乙醇溶液	7.0	蓝紫	绿	pH = 7.0 蓝紫
1 份 0.1% 中性红乙醇溶液 1 份 0.1% 溴百里酚蓝乙醇溶液	7.2	玫瑰	绿	pH = 7.4 暗绿 pH = 7.2 浅红 pH = 7.0 玫瑰色
1 份 0.1% 溴百里酚蓝钠盐水溶液 1 份 0.1% 酚红钠盐水溶液	7.5	黄	紫	pH = 7.2 暗绿 pH = 7.4 淡紫 pH = 7.6 深紫
1 份 0.1% 甲酚红钠盐水溶液 3 份 0.1% 百里酚蓝钠盐水溶液	8.3	黄	紫	pH = 8.2 玫瑰色 pH = 8.4 紫
1 份 0.1% 百里酚蓝 50% 乙醇溶液 3 份 0.1% 酚酞 50% 乙醇溶液	9.0	黄	紫	从黄到绿再到紫
2 份 0.1% 百里酚酞乙醇溶液 1 份 0.1% 茜素黄乙醇溶液	10.2	黄	绿	
2 份 0.2% 尼罗蓝水溶液 1 份 0.1% 茜素黄乙醇溶液	10.8	绿	红棕	

三、配位滴定指示剂(见附表 5-3)

附表 5-3　配位滴定指示剂

指示剂名称	测定元素	颜色变化	测定条件	配制方法
酸性铬蓝 K	Ca	红—蓝	pH = 12	0.1% 乙醇溶液
	Mg	红—蓝	pH = 10(氨性缓冲溶液)	
钙指示剂	Ca	酒红—蓝	pH > 12(KOH 或 NaOH)	与 NaCl 配成质量比为 1∶100 的固体混合物

续附表 5-3

指示剂名称	测定元素	颜色变化	测定条件	配制方法
铬天青 S	Al	紫—黄橙	pH = 4(醋酸缓冲溶液),热	0.4%水溶液
	Cu	蓝紫—黄	pH = 6 ~ 6.5(醋酸缓冲溶液)	
	Fe(Ⅲ)	蓝—橙	pH = 2 ~ 3	
	Mg	红—黄	pH = 10 ~ 11(氨性缓冲溶液)	
双硫腙	Zn	红—绿紫	pH = 4.5,50%(体积分数)乙醇溶液	0.03%乙醇溶液
铬黑 T	Al	蓝—红	pH = 7 ~ 8,吡啶存在下,以 Zn^{2+} 回滴	与 NaCl 配成质量比为 1:100 的固体混合物
	Bi	蓝—红	pH = 9 ~ 10,以 Zn^{2+} 回滴	
	Ca	红—蓝	pH = 10,加入 EDTA – Mg	
	Cd	红—蓝	pH = 10(氨性缓冲溶液)	
	Mg	红—蓝	pH = 10(氨性缓冲溶液)	
	Mn	红—蓝	氨性缓冲溶液,加羟胺	
	Ni	红—蓝	氨性缓冲溶液	
	Pb	红—蓝	氨性缓冲溶液,加酒石酸钾	
	Zn	红—蓝	pH = 6.8 ~ 10(氨性缓冲溶液)	
紫脲酸铵	Ca	红—紫	pH > 10(NaOH),体积分数为 25% 乙醇	与 NaCl 配成质量比为 1:100 的固体混合物
	Co	黄—紫	pH = 8 ~ 10(氨性缓冲溶液)	
	Cu	黄—紫	pH = 7 ~ 8(氨性缓冲溶液)	
	Ni	黄—紫红	pH = 8.5 ~ 11.5(氨性缓冲溶液)	
PAN	Cd	红—黄	pH = 6(醋酸缓冲溶液)	0.2%乙醇(或甲醇)溶液
	Co	黄—红	醋酸缓冲溶液,70 ~ 80 ℃,以 Cu^{2+} 回滴	
	Cu	紫—黄	pH = 10(氨性缓冲溶液)	
	Cu	红—黄	pH = 6(醋酸缓冲溶液)	
	Zn	粉红—黄	pH = 5 ~ 7(醋酸缓冲溶液)	
PAR	Bi	红—黄	pH = 1 ~ 2(HNO_3)	0.05% 或 0.2%水溶液
	Cu	红—黄(绿)	pH = 5 ~ 11(六亚甲基四胺,氨性缓冲溶液)	
	Pb	红—黄	六亚甲基四胺或氨性缓冲溶液	

续附表 5-3

指示剂名称	测定元素	颜色变化	测定条件	配制方法
邻苯二酚紫	Cd	蓝—红紫	$pH=10$（氨性缓冲溶液）	0.1%水溶液
	Co	蓝—红紫	$pH=8\sim9$（氨性缓冲溶液）	
	Cu	蓝—黄绿	$pH=6\sim7$，吡啶溶液	
	Fe(Ⅲ)	黄绿—蓝	$pH=6\sim7$，吡啶溶液存在下，以 Cu^{2+} 回滴	
	Mg	蓝—红紫	$pH=10$（氨性缓冲溶液）	
	Mn	蓝—红紫	$pH=9$（氨性缓冲溶液），加羟胺	
	Pb	蓝—黄	$pH=5.5$（六亚甲基四胺）	
	Zn	蓝—红紫	$pH=10$（氨性缓冲溶液）	
磺基水杨酸	Fe(Ⅲ)	红紫—黄	$pH=1.5\sim2$	1%~2%水溶液
试钛灵	Fe(Ⅲ)	蓝—黄	$pH=2\sim3$（醋酸热溶液）	2%水溶液
二甲酚橙（XO）	Bi	红—黄	$pH=1\sim2(HNO_3)$	0.5%乙醇（或水）溶液
	Cd	粉红—黄	$pH=5\sim6$（六亚甲基四胺）	
	Pb	红紫—黄	$pH=5\sim6$（醋酸缓冲溶液）	
	Th(Ⅳ)	红—黄	$pH=1.6\sim3.5(HNO_3)$	
	Zn	红—黄	$pH=5\sim6$（醋酸缓冲溶液）	

四、氧化还原指示剂（见附表 5-4）

附表 5-4 氧化还原指示剂

指示剂名称	变色电位 $E^{\ominus}(V)(pH=0)$	颜色变化		配制方法
		氧化态	还原态	
中性红	0.24	红色	无色	0.05 g 指示剂溶于 100 mL 60%乙醇中
酚藏花红	0.28	无色	红色	0.2%水溶液
亚甲基蓝	0.36	蓝色	无色	0.05%水溶液
变胺蓝	0.59($pH=2$)	无色	蓝色	0.05%水溶液
二苯胺	0.76	紫色	无色	1%浓硫酸溶液
二苯胺磺酸钠	0.85	紫红	无色	0.5%水溶液
邻苯氨基苯甲酸	1.08	紫红	无色	0.1 g 指示剂加 20 mL 5% Na_2CO_3 溶液，用水稀释至 100 mL

续附表 5-4

指示剂名称	变色电位 $E^{\ominus}(V)(pH=0)$	颜色变化		配制方法
		氧化态	还原态	
邻二氮菲 – Fe(Ⅱ)（试亚铁灵）	1.06	浅蓝	红色	1.485 g 邻二氮菲，0.695 g 硫酸亚铁溶于100 mL 水中
硝基邻二氮菲 – Fe(Ⅱ)	1.25	浅蓝	紫红	1.608 g 5 – 硝基邻二氮菲，0.695 g 硫酸亚铁溶于100 mL 水中
淀粉溶液				0.5 g 可溶性淀粉，加少许水调成浆状，不断搅拌下注于100 mL 沸水中，微沸 1~2 min。必要时，可加入0.1 g 水杨酸防腐
甲基橙				0.1% 水溶液

注:淀粉溶液本身并不具有氧化还原性，但在碘法中起指示剂作用，淀粉与 I_3^- 生成深蓝色吸附化合物，当 I_3^- 被还原时，深蓝色消失，因此蓝色的出现和消失可指示终点。通常称淀粉为氧化还原滴定中的特殊指示剂。

五、沉淀滴定指示剂（见附表 5-5）

附表 5-5　沉淀滴定指示剂

指示剂名称	被测离子	滴定剂	滴定条件	颜色变化	配制方法
铁铵矾	Ag^+	SCN^-	$0.1\sim1$ mol/L HNO_3 溶液中	乳白—浅红	HNO_3 溶液（约40%）
荧光黄	Cl^-	Ag^+	pH = 7~10	黄绿—粉红	0.2% 乙醇溶液
二氯荧光黄	Cl^-	Ag^+	pH = 4~10	黄绿—红	0.1% 水溶液
曙红	Br^-、I^-、SCN^-	Ag^+	pH = 2~10	橙—深红	0.5% 水溶液
罗丹明 6G	Ag^+	Br^-	0.3 mol/L HNO_3	橙—红紫	0.1% 水溶液
茜素红 S	SO_4^{2-}	Ba^{2+}	pH = 2~3	白—红	0.05% 或 0.2% 水溶液

附录六　实验室压缩气的安全使用

使用压缩气钢瓶时应注意：

（1）压缩气钢瓶有明确的外部标志（见附表6-1），内容气体与外部标志一致。

附表6-1　压缩气钢瓶所装气体及相应的钢瓶颜色、字体颜色

所装气体	钢瓶颜色	字体颜色	所装气体	钢瓶颜色	字体颜色
氧气	天蓝色	黑色	石油液化气	灰色	红色
氮气	黑色	黄色	乙炔	白色	红色
压缩空气	黑色	白色	氨气	黄色	黑色
氢气	深绿色	红色	氯气	黄绿色	黄色
二氧化碳	黑色	黄色			

（2）搬运及存放压缩气钢瓶时，一定要将钢瓶上的安全帽旋紧。

（3）搬运气瓶时，要用特殊的担架或小车，不得将手扶在气门上，以防气门被打开。气瓶直立放置时，要用铁链等进行固定。

（4）开启压缩气钢瓶的气门开关及减压阀时，旋开速度不能太快，而应逐渐打开，以免气流过急流出，发生危险。

（5）瓶内气体不得用尽，剩余残压一般不应小于数百千帕，否则将导致空气或其他气体进入钢瓶，再次充气时将影响气体的纯度，甚至发生危险。

■ 附录七　单相流动阻力测定实验装置设备参数

设备参数如下：

光滑管管径 $d=0.008\ 0$ m，管长 $L=1.6$ m；粗糙管管径 $d=0.010$ m，管长 $L=1.6$ m，局部阻力管径 $d=0.015$ m，管长 $L=1.2$ m，材料均为不锈钢。

压力传感器：型号 LXWY，测量范围 $0\sim200$ kPa。

直流数字压力表：型号 PZ139，测量范围 $0\sim200$ kPa。

离心泵：型号 WB70/055，流量 8 m^3/h，扬程 12 m，电机功率 550 W。

玻璃转子流量计见附表 7-1。

附表 7-1　玻璃转子流量计

型号	测量范围(L/h)	精度等级
LZB – 40	$100\sim1\ 000$	1.5
LZB – 10	$10\sim100$	2.5

■ 附录八　离心泵性能测定实验装置设备参数

离心泵性能测定实验装置设备参数如下：

离心泵：流量 4 m^3/h，扬程 8 m，轴功率 168 W。

真空表测压位置管内径 0.025 m，压强表测压位置管内径 0.025 m。

真空表与压强表测压口间垂直距离 0.18 m。

实验管路管径 0.040 m，电机效率 60%。

流量（m^3/h）计算公式：

$$V = \frac{f}{77.884} \times 3\,600 \div 1\,000$$

功率表：型号 PS - 139，精度 1.0 级。

压力表、真空表：表盘直径 100 mm，测量范围 0 ~ 0.25 MPa、- 0.1 ~ 0 MPa，精度 1.5 级。

■ 附录九　气流对流传热综合实验装置设备参数

气流对流传热综合实验装置设备参数见附表9-1。

附表9-1　气流对流传热综合实验装置设备参数

实验内管内径(mm)		20.0
实验内管外径(mm)		22.0
实验外管内径(mm)		50.0
实验外管外径(mm)		57.0
测量段长度(m)		1.00
强化管内插物尺寸	丝径(mm)	1
	节距(mm)	40
加热釜	操作电压(V)	≤200
	操作电流(A)	≤10

■ 参考文献

[1] 卢建国,曹凤云.基础化学实验[M].北京:清华大学出版社,北京交通大学出版社,2009.

[2] 高职高专化学教材编写组.分析化学实验[M].北京:高等教育出版社,2008.

[3] 孟长功,辛剑.基础化学实验[M].北京:高等教育出版社,2009.

[4] 周光理.食品分析与检验[M].北京:化学工业出版社,2009.

[5] 李凤玉,梁文珍.食品分析与检验[M].北京:中国农业出版社,2008.

[6] 程云燕,李双石.食品分析与检验[M].北京:化学工业出版社,2007.